sociedade
na nuvem

Como aprender a se comunicar nas mídias
sociais sem ofender nem ser criticado

Liv Soban

sociedade
na nuvem

Como aprender a se comunicar nas mídias
sociais sem ofender nem ser criticado

Copyright © 2020 by Editora Letramento
Copyright © 2020 by Liv Soban

DIRETOR EDITORIAL | **Gustavo Abreu**
DIRETOR ADMINISTRATIVO | **Júnior Gaudereto**
DIRETOR FINANCEIRO | **Cláudio Macedo**
LOGÍSTICA | **Vinícius Santiago**
COMUNICAÇÃO E MARKETING | **Giulia Staar**
EDITORA | **Laura Brand**
ASSISTENTE EDITORIAL | **Carolina Fonseca**
DESIGNER EDITORIAL | **Gustavo Zeferino e Luís Otávio Ferreira**
CAPA | **Mayu Tanaka e Dushka (estudio29.com)**
REVISÃO | **LiteraturaBr Editorial**
DIAGRAMAÇÃO | **Renata Oliveira**

Todos os direitos reservados.
Não é permitida a reprodução desta obra sem
aprovação do Grupo Editorial Letramento.

Dados Internacionais de Catalogação na Publicação (CIP) de acordo com ISBD

S677s	Soban, Liv
	Sociedade na nuvem: como aprender a se comunicar nas mídias sociais sem ofender nem ser criticado / Liv Soban. - Belo Horizonte, MG : Letramento, 2020.
	114 p. : il. ; 14cm x 21cm.
	Inclui bibliografia e índice.
	ISBN: 978-65-86025-63-7
	1. Comunicação. 2. Mídias Sociais. I. Título.
2020-2496	CDD 302.23
	CDU 316.774

Elaborado por Vagner Rodolfo da Silva - CRB-8/9410

Índice para catálogo sistemático:
1. Comunicação : Mídias Sociais 302.23
2. Comunicação : Mídias Sociais 316.774

Belo Horizonte - MG
Rua Magnólia, 1086
Bairro Caiçara
CEP 30770-020
Fone 31 3327-5771
contato@editoraletramento.com.br
editoraletramento.com.br
casadodireito.com

"Ao meu Siddharta e ao meu Che, que mesmo sem falar me ensinaram que a melhor comunicação é sempre a feita com amor.

Ao Gustavo Nascimento, meu pupilo, que me fez escrever este livro.

À minha Tia Mima, que sempre me ajudou a sair da minha caverna e a buscar iluminação através do conhecimento."

SUMÁRIO

9   **APRESENTAÇÃO**

13   **1. A SOCIEDADE ENTRANDO NA NUVEM**

19   **2. UM POUCO DE TEORIA**
19   2.1. A COMUNICAÇÃO, NEM TÃO MECÂNICA ASSIM
22   2.2. O QUANTO DE REPRESENTAÇÃO SOCIAL TEM NA COMUNICAÇÃO?
25   2.3. TEORIA DA PERCEPÇÃO SOCIAL
27   2.4. MAS O QUE É MÍDIA SOCIAL?
34   2.5. TEORIA ATOR-REDE (TAR) OU O INSTRUMENTO É TAMBÉM UM AGENTE COMUNICADOR
37   2.6. EMPATIA E COMUNICAÇÃO NÃO VIOLENTA

41   **3. A IMPORTÂNCIA DA SEGMENTAÇÃO**
41   3.1. VOCÊ E SUA MARCA SABEM REALMENTE PARA QUEM FALAM?
41   3.1.1. OS TIPOS DE SEGMENTAÇÃO
44   3.1.2. OUTROS TIPOS DE SEGMENTAÇÃO

49   **4. A IMPORTÂNCIA DO POSICIONAMENTO DE MARCA VALE MAIS QUE O PRODUTO EM SI**

55   **5. APLICANDO A TEORIA NA PRÁTICA**
55   5.1. O QUE SE VÊ É REAL?
58   5.2. O BRASIL E AS MÍDIAS SOCIAIS
58   5.3. A PERCEPÇÃO SOBRE O QUE É VISTO COMO POLÊMICO
59   5.4. BOLHA INFORMACIONAL, CONTEXTO E PERIGO DE UM PÚBLICO CEGO

60 5.4.1. PERFIL DOS ENTREVISTADOS

64 5.4.2. O POSICIONAMENTO DESTAS MARCAS ESTÁ
DE ACORDO COM A SUA REALIDADE?

82 5.5. O QUE PODEMOS APRENDER COM
ESSAS CAMPANHAS REALIZADAS?

85 **6. INOVAÇÃO PARA EVOLUÇÃO
CONTÍNUA: HÁ SOLUÇÃO?**

89 **7. PROPOSTA DE *GUIDELINE***

89 7.1. O *GUIDELINE* DA BUSCA PELA PAZ VIRTUAL
(OU A TENTATIVA DE SE COMUNICAR
SEM RUÍDOS NAS MÍDIAS SOCIAIS)

90 7.1.1. QUEM É SUA EMPRESA?

92 7.1.2. O QUE SUA EMPRESA OFERECE?

93 7.1.3. COM QUEM SUA EMPRESA FALA?

95 7.1.4. COMO SUA EMPRESA FALA?

99 7.1.5. QUESTIONÁRIO PARA SER APLICADO

103 **8. AGRADECIMENTOS**

105 **9. REFERÊNCIAS BIBLIOGRÁFICAS**

APRESENTAÇÃO

Não. Este não é um livro fácil. Depois de ver muita teoria mastigada, pronta para engolir sem refletir, e cursos que não ensinam (além de vender a consultoria de quem os ministrou), decidi escrever este livro, indo ao contrário dessa corrente. Você sabia que a cada ano produzimos mais informação do que a civilização inteira produziu em toda a humanidade? Esse fato não implica dizer que a informação produzida hoje tenha qualidade, mas que, sim, ela existe em grande quantidade. Com esse excesso de dados disponíveis, agora temos acesso direto a muitas datas, muitas fontes diferenciadas, e desenvolvemos, inconscientemente, um frenesi pela informação multidirecional, vinda de todos os lados, de todas as esferas. Acaba que não temos tempo de consumir tudo ou consumimos sem nos aprofundarmos. Não damos o tempo necessário para mastigar a informação, absorvê-la. O resultado dessa ansiedade criou, pra mim, um ciclo vicioso, em que as informações passaram, então, a ser fornecidas de forma cada vez mais rasa, sem profundidade.

No início do meu mestrado, percebi essa mesma tendência em mim, de também buscar o raso, o fácil, o mastigado – e isso me assustou. O nosso meio nos influencia, sim, sobre nossas escolhas. E foi ao entregar minha dissertação, relembrando como é difícil aprender algo, e ao mesmo tempo extremamente satisfatório, que decidi escrever este livro.

Quando garota e adolescente, a Língua Portuguesa era, de longe, a matéria mais desafiadora que tive. Passava com facilidade pela Matemática, Física, Química e Biologia, mas o Português sempre foi meu calcanhar de Aquiles. Teimosa que sou, decidi cursar Jornalismo. Queria entender essa disciplina que pouco compreendia. Confesso que a Língua Portuguesa e eu não viramos melhores amigas. De vez em quando deslizo, cometo erros que ela, com certeza, desaprova. Porém, foi nessa busca por entendê-la que me apaixonei pela Comunicação.

A Comunicação é a menina dos meus olhos. Eu simplesmente a amo porque ela é muito mais complexa do que qualquer idioma. Suas regras estão em constante mudança e, por mais que tenham qualidades universais, muitas delas precisam se adequar (quando conseguem) ao indivíduo. E é no indivíduo que ela ganha suas exceções, flexibilidade e variação.

Analisando o mundo em que vivemos, cheio de superficialidade e, consequentemente, de *fake news,* percebe-se que o conhecimento nunca foi tão importante. Estamos passando por uma segunda Idade Média, e o excesso de informação acabou provocando um processo inverso, que é o de nos desinformar, de nos ofuscar, pois nos perdermos em meio a um mar de opções sem saber como interagir. Por isso, a única forma de vencer o obscurantismo é o conhecimento. Foi assim uma vez e será assim novamente. O conhecimento ilumina, nos tira a venda que colocamos em nossos olhos, amplia nossos horizontes, nos presenteia com sinapses mais estruturadas e menos retrógradas.

Hoje, sem a Comunicação Virtual não é possível trabalhar, nos relacionar, nos informar, amar ou comprar. Sem ela não somos nada. Como indivíduos sociais, precisamos do outro para sermos reconhecidos. Se esse outro está atrás de uma mídia, a importância dessa ferramenta alcançou patamares em que nenhum outro meio havia chegado. Conhecer mais sobre a Comunicação, respeitá-la, tentar entender o seu processo foram as questões que me levaram a escrever o *Sociedade na Nuvem.* As informações que apresento aqui são focadas em pequenas e médias empresas, em instituições, mas também em pessoas que querem mergulhar um pouco mais nessa jornada. Tratar com respeito aquela que nos dá tanto.

Se me compararem a algum filósofo, escritor ou estudioso, é possível que notem que ainda preciso alcançar muito conhecimento. E foi mesmo ao analisar essa minha deficiência que tive a ideia de elaborar esta coletânea das teorias que considero importantes para a Comunicação atual e para todos aqueles que queiram, como eu também queria, sair da mesmice informacional. São estudos e conceitos de grandes

SOCIEDADE NA NUVEM

estudiosos – esses, sim, são grandes – que mostram por que há um senso comum, por que o algoritmo é considerado um agente ativo da comunicação, por que a empatia é essencial para a construção na forma de as empresas se relacionarem com seus públicos, por que a segmentação e o posicionamento têm que ser constantemente avaliados e adaptados e tantas outras questões que são essenciais para qualquer um se comunicar, principalmente aqueles que têm algo – seja serviço, produto ou ideia – para oferecer e desejam fazer com qualidade. Espero que gostem. Boa leitura!

1. A SOCIEDADE ENTRANDO NA NUVEM

É difícil de acreditar o quanto a forma de nos comunicarmos mudou nos últimos 15 anos. O nascimento das mídias sociais foi uma das causas dessa transição. Antes, a notícia chegava pelos meios consagrados de comunicação, tais como rádio, TV, jornais e outros impressos. E quem decidia o que seria ou não notícia eram as equipes desses veículos. Se olharmos sob a ótica das empresas, elas também usavam esses instrumentos de comunicação e por meio deles falavam o que queriam sem nunca ter retorno de seu público sobre a mensagem anunciada. A comunicação era feita exclusivamente por uma única via. Havia o emissor, a mensagem em si e o receptor. Os canais – SAC, 0800s – disponíveis para que o receptor expressasse sua opinião sobre o conteúdo recebido eram difíceis e confidenciais. Ou seja, as empresas e os veículos ouviam essa opinião, e decidiam eles mesmos como usariam essa informação recebida.

Esses veículos eram considerados os *gatekeepers*, ou seja, os porteiros da notícia. A informação era, até então, analisada, tratada, trabalhada, para só depois ser publicada. E sempre passava por um intermediário, por alguma instituição que fazia a ponte relação. Com o surgimento das mídias sociais, estes *gatekeepers* começaram a perder o poder e se ausentar do fluxo estabelecido da comunicação entre públicos.

O jornalismo, considerado o quarto poder, era quem moldava a realidade sob esse filtro para levar a informação à sociedade. A internet e sua relação social fizeram com que o jornalismo sofresse uma decadência no controle da informação, e a sociedade, despreparada ou sem instrução para tal responsabilidade, passou a ser a produtora e receptora da informação, sem barreiras comunicacionais. Sem os *gatekeepers*, todos os usuários – marcas e indivíduos – tiveram acesso direto em sua comunicação, sem filtros, estabelecendo uma relação nunca antes existente.

E qual foi a consequência disso?

A resposta vai do desespero e pânico total à transparência sadia. Uma comunicação feita basicamente por uma única via, sem resposta, passa a ser de duas vias, com retorno direto e imediato, e isso foi um choque muito grande para todo mundo, sem exceção. Todos ganharam novos papéis, e estamos vivendo ainda um processo de adaptação a essa nova condição.

Pierre Lévy (1999), em sua obra *Cibercultura*, afirma que a rede de computadores é um universo que permite pessoas conectadas construírem e partilharem inteligência coletiva sem submeter-se a qualquer tipo de restrição política-ideológica. O filósofo trata a internet como um agente humanizador, uma vez que foca na democratização da informação e humanidade, permitindo as competências individuais serem valorizadas e defendendo o interesse das minorias.

Segundo Lévy (1999), a internet cria, constantemente, novas maneiras de pensar e conviver a partir da relação do mundo real com o da informática. E foi isso que aconteceu com toda a comunicação.

Esse novo poder de receber a informação, publicá-la e/ou interagir com ela e a novidade do ambiente virtual resultaram na necessidade de que os usuários têm de se atualizar neste mundo utilizando, agora, as mídias sociais. Com essa revolução tecnológica na comunicação, houve outras criações. Dos influenciadores, do estilo de vida e da forma de consumo. Esses comportamentos criados no mundo virtual passaram a ser considerados – nessa nova realidade – mais importantes que o real. Quantos likes você recebe numa foto? Quanto de engajamento? Comentários positivos? O virtual valida o real. Antes de comprar um produto ou contratar uma empresa ou até namorar com alguém, você vai pesquisar o lastro do objeto/instituição/indivíduo na internet. E, assim, criamos uma Sociedade nascida na Nuvem. Essa relação construída na "Sociedade na Nuvem" deixou de ser uma rede de contatos para virar fonte de informação, oportunidade e, principalmente, validação social.

SOCIEDADE NA NUVEM

Não podemos esquecer que toda essa relação pixelada é muito nova. Ao contrário da sociedade tangível em que estamos inseridos por meio das relações que desenvolvemos durante toda a nossa vida. Primeiro no âmbito familiar, em seguida na escola, na comunidade em que vivemos e no trabalho; enfim, as relações que desenvolvemos e mantemos são as que fortalecem a nossa esfera social. A própria natureza humana nos liga às outras pessoas e estrutura a sociedade em rede. (Tomáel e Di Chiara, 2005).

Levando a questão de Tomáel e Di Chiara (2005) em conta, ao colocarmos todas as construções da esfera social e o tempo de adaptabilidade de cada uma – familiar, escolar, comunidade, trabalho, rede social –, percebemos que, com exceção da virtual, todas as outras têm um tempo maior de convivência e conhecimento de gerações que passaram pela mesma construção dessas esferas. Já a relação com a mídia social é nova. Por ser recente, não há conhecimento anterior de como se relacionar, e todo mundo, no momento, tateia a construção de suas esferas sociais – que passa a se consolidar também no virtual, muitas vezes, mais que o real –, bem como o seu nível de interação com tal relação.

Uma vez que se conquista algo que até então não existia ou não se tinha acesso, há uma tendência de se exagerar no uso de tal conquista, até se satisfazer dela. A Pirâmide de Maslow (2017) pressupõe exatamente isso, que você tem necessidades físicas, estruturais, comportamentais, laborais, espirituais e individuais que precisam ser saciadas para que você, digamos de uma forma simplória, passe de fase. E por sermos indivíduos sociais, temos a necessidade de nos comunicar. De satisfazer tal necessidade de algo que ninguém, até então, tinha acesso.

Os que tiveram acesso às mídias sociais anteriormente já estão no processo de traçar novos objetivos dentro dessa necessidade e criar uma relação, agora, com mais estratégia e inteligência. Inúmeros indivíduos, entretanto, ainda estão começando a se relacionar com esse novo ambiente.

Junta-se a esse fato outro importante: o da Persona criada na virtualidade, que pode não ser a mesma da realidade.

Relembrando a teoria de Jung (2002), Persona é a personalidade que o indivíduo apresenta aos outros como real, mas que, na verdade, é uma variante às vezes muito diferente da verdadeira. E essa não identificação entre a Persona real e a virtual cria inúmeros gargalos comunicacionais e de vínculos sociais. Se com a criação das mídias sociais os usuários – em suas diferentes escalas – estão vivendo a fase do saciamento, criando e desenvolvendo suas personas virtuais, como podemos estabelecer critérios de comunicação para que tais *personas* tenham vínculos e não tenham tanta disparidade entre suas representações em ambas as esferas?

A configuração em rede é peculiar ao ser humano, ele se agrupa com seus semelhantes e estabelece relações de trabalho, de amizade, enfim, relações de interesses que se desenvolvem e se modificam conforme a sua trajetória. Assim, o indivíduo vai delineando e expandindo sua rede de acordo com sua inserção na realidade social (Tomáel e Di Chiara, 2005).

As personas virtuais, escolhendo o que querem ver e ouvir, estão modificando suas representações reais, e o mundo virtual, fragmentado, está exercendo influências sobre o real. Se compararmos, por exemplo, o passado das marcas e instituições quando não havia comunicação direta com seus consumidores, vemos o grande abismo comunicacional que foi construído nessa criação da "Sociedade em Nuvem".

Antes das mídias sociais, as marcas recebiam escassos *feedbacks* sobre suas opiniões, realizações ou seus produtos/iniciativas comunicacionais. As campanhas impressas em jornais, revistas ou veiculadas nos comerciais de TV eram comentadas pelo consumidor na sala de casa, no máximo, no trabalho, num contingente de cinco, seis ou dez pessoas – e essa conversa dificilmente chegava ao conhecimento da marca. Hoje, uma opinião pode reverberar literalmente para bilhões de pessoas, estando a marca ou não bem representada no mundo virtual.

Para explicar tudo isso, apresento este ensaio, que desenvolverá um tema de grande interesse não só para as empresas que precisam criar a sua relação na Sociedade em Nuvem,

SOCIEDADE NA NUVEM

mas para todos aqueles que necessitam se entender como seres reais e virtuais e a interação existente entre essas duas esferas. A construção de uma persona representativa no caráter empresarial é basicamente uma estruturação do indivíduo-empresa neste mundo virtual. E por essa razão, este livro é válido para pessoas jurídica e física.

2. UM POUCO DE TEORIA

2.1. A COMUNICAÇÃO, NEM TÃO MECÂNICA ASSIM

Antes de mais nada, é importante entender o básico sobre comunicação. Apesar de hoje termos ferramentas tecnológicas, o princípio – de que para haver comunicação precisa ter emissão e recepção de uma mensagem – continua o mesmo. Mas apesar de aparentemente exata, essa relação tem muito mais nuances que indicadores matemáticos possam indicar. Para Wolf (1999), a teoria dos meios de comunicação advinda dos estudos psicológicos baseia-se, especialmente, em rever este processo comunicacional tido como uma relação puramente mecanicista e imediata entre estímulo e resposta. Há tanta complexidade entre os elementos nas entrelinhas dessa relação entre emissor, mensagem e destinatário que podemos concluir que de mecânico esse processo não tem nada.

Então, a comunicação de massa que subentendia uma via unilateral – a do emissor – e se baseava estritamente em sua mecanicidade torna-se deficiente e ineficaz no se refere a resultado, levando, consequentemente, ao insucesso das tentativas de persuasão diante de seus públicos de interesse.

> As mensagens dos meios de comunicação contêm características particulares do estímulo que interagem de maneira diferente com os traços específicos da personalidade dos elementos que constituem o público. Desde o momento em que existem diferenças individuais nas características da personalidade dos elementos do público, é natural que se presuma a existência, nos efeitos, de variações correspondentes a essas diferenças individuais. (De Fleur, 1970, p. 122).

Antes mesmo das mídias sociais, o indivíduo e sua importância enquanto receptor começavam a ganhar peso no estudo da comunicação de massa, uma vez que a sua constituição pessoal – psicológica, social, econômica, cultural – incidiria sobre o seu nível de persuasão em relação à mensagem recebida.

Há duas formas de estudar esse processo de individualização da mensagem e como os meios de comunicação podem influenciar seu público. Nos diz Merton: "Desde que os estudos sobre as comunicações de massa começaram a desenvolver-se, o interesse do investigador incidiu sobretudo na influência dos meios de comunicação sobre o público (ao passo que) a corrente europeia pretende conhecer as determinantes estruturais do pensamento" (1949b, p. 84). Wolf (1999) afirma que essas duas correntes – europeia e americana – constituem a evolução atual da pesquisa sobre os *mass media* (comunicação de massa).

Por essa razão, a sociologia do conhecimento e o panorama atual da virtualidade refletem um fato muito importante sobre o que o *mass media* traz como consequência.

> As instituições que exercem uma atividade-chave que consiste na produção, reprodução e distribuição de conhecimentos, que podem dar um sentido ao mundo, moldam a nossa percepção, contribuem para o conhecimento do passado e para dar continuidade à nossa compreensão presente. (McQuail, 1983, p. 51).

Junto com a comunicação de massa surge a midiatização, que nada mais é que a divulgação e propagação de alguma mensagem através do que se considera mídia, um ato de tornar público determinada mensagem um algum meio de comunicação como intermediário. Antes, esse meio de comunicação estava restrito a TV, jornal e rádio, e hoje as mídias sociais também entram neste grupo, até com mais força do que aqueles anteriormente estabelecidos. Segundo Morigi (2004, p. 6), "a midiatização é um fenômeno complexo constituído e constitutivo de um conjunto de interações sociais e discursivas". Ao mesmo tempo que representa a alçada das relações sociais, há um caráter transformador da ordem da vida cotidiano, originando novos valores e formas de interação que constituem as práticas sociais, culturais e as formas de exercícios do poder. Ou seja, o que você vê na mídia pode influenciar o seu cotidiano, a forma como você vive, o que você gosta ou deixa de gostar. O que você considera importante ou até o que você permi-

SOCIEDADE NA NUVEM

te te influenciar – sejam instituições ou personalidades, como os políticos, por exemplo. A midiatização está inteiramente ligada à construção das figuras políticas e a sua ordem de poder frente à massa. O respeito que você sente por um político vem do conhecimento que você tem sobre a base partidária dele ou por que você foi influenciado pela mídia na forma como ele é mostrado? O quanto você sabe, de fato, sobre o político ou uma empresa que você diz respeitar?

Partindo desse preceito, o modelo da Semiose da Midiatização desenvolvido por Verón (1996) nos auxilia na compreensão da interação entre mídia-instituições-indivíduos, fortalecendo o papel do discurso midiático na produção dos sentidos.

FIGURA 1. SEMIOSE DA MIDIATIZAÇÃO DE VERÓN (1996)

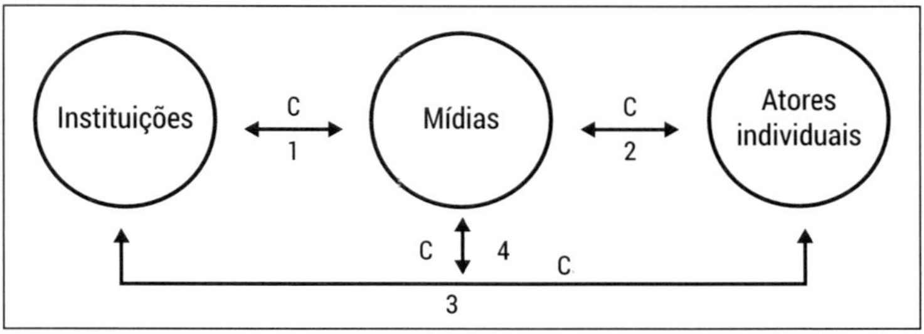

Nesse esquema, é possível visualizar a dinâmica de funcionamento dos meios de comunicação e sua interação. Os meios (mídia) são todos aqueles que se encontram no lugar central, exercendo a mediação das informações de interesse social. Temos, de um lado, os atores individuais, cidadãos sociais, e, de outro, as instituições de todos os tipos. Os "Cs" da figura significam os coletivos que se formam no processo de comunicação.

A semiose da midiatização tem, pelo menos, quatro campos produtores de coletivos de relação, sendo eles: a) meios e instituições sociais; b) meios e atores individuais; c) instituições e atores, bem como a relação com o meio e o que ele pode afetar nesta interação; e d) como as instituições afetam umas às outras.

É importante frisar que o processo de comunicação e midiatização não pode ser definido como uma contínua comunicação polarizada entre os campos sociais, e sim como um fenômeno decorrente de muitas interações heterogêneas e diversas. "A mediação e o movimento dos sentidos proporcionados pelos constantes envios e reenvios de informações provocam profundas tensões e a necessidade de efetivas negociações entre os campos e atores sociais envolvidos" (Morigi, 2004, p. 8). O que isto significa? Que essa interação é contínua, plural e eterna. O que torna toda comunicação ainda mais complexa e fascinante.

2.2. O QUANTO DE REPRESENTAÇÃO SOCIAL TEM NA COMUNICAÇÃO?

Eu gosto muito de, antes de entrar em qualquer teoria, consultar o clássico Dicionário. *Representação*, no Michaelis, "é sf: 1 Ato ou efeito de representar(-se); 2 Exposição oral ou escrita de razões, queixas, reivindicações etc. a quem possa interessar ou a quem de direito; 3 Qualquer coisa que se representa; 4 Imagem ou ideia que traduz nossa concepção de alguma coisa ou do mundo; 5 FILOS Ato pelo qual se faz vir à mente a ideia ou o conceito correspondente a um objeto que se encontra no inconsciente".

> Reconhece-se, geralmente, as representações sociais, como sistemas de interpretação, que regem nossa relação com o mundo e com os outros, orientando e organizando as condutas e as comunicações sociais. Igualmente intervêm em processos tão variados quanto a difusão e a assimilação dos conhecimentos, no desenvolvimento individual e coletivo, na definição das identidades pessoais e sociais, na expressão dos grupos e nas transformações sociais. (Jodelet, 2017, p. 5).

Segundo Denise Jodelet, representações sociais são fenômenos complexos sempre ativos e agindo na vida social. O que acontece é que a sua formação vem de elementos diversos que, na maioria das vezes, são estudados isoladamente, tais como: informativos, ideológicos, normativos, crenças, valores, atitudes, opiniões, imagens e muitos outros. Ao organizá-los, porém, eles criam uma "espécie de saber que diz alguma coisa sobre o estado de realidade" (Jodelet, 2017, p. 4).

SOCIEDADE NA NUVEM

Para essa autora, a definição é designada também como "saber do senso comum" ou ainda "saber ingênuo", "natural" (2017). E essa forma de conhecimento se distingue, entre outros, do conhecimento científico. Mesmo assim, é considerada como objeto de estudo tão legítimo quanto o outro, devido a sua essencialidade à vida social, uma vez que a esclarece através dos processos cognitivos e interações sociais. Essas representações sociais são consideradas uma ideia comum sobre algo. De tanto ser falado, a sociedade acaba levando tal conceito como verdadeiro. Muitas vezes, tais definições acabam se transformando em pré-conceitos e preconceitos.

Um dos exemplos dessa representação social é quando as mulheres são consideradas inferiores. Foi criada uma verdade cultural que assevera que a mulher é mais frágil e menos inteligente. E de tanto isso ter sido repetido, acabou sendo encarado como verdade, mesmo não sendo. Outros sensos comuns, tais como os de que asiáticos são mais inteligentes, que muçulmanos são terroristas ou que índios são indolentes, também não têm indício de validade, não passam de afirmações preconceituosas.

A "ideação coletiva", teorizada por Durkheim (1975), foi a primeira que identificou tais elementos como produtores mentais sociais. Esse autor abordou os adjetivos "social" e "coletivo" indistintamente, uma vez que, em sua formação, apresentavam o mesmo significado. Durkheim se referiu às representações coletivas como as formas de conhecimento, do senso comum ao pensamento científico, ou as ideias produzidas socialmente e que não podem ser explicadas.

Então, como Jodelet e Durkheim propuseram, mesmo que o resultado desse senso comum seja verdadeiro e atrase a evolução da humanidade, ele precisa ser estudado para se entender a sua base, a sua causa e trazer formas de melhoria na expressão ou, simplesmente, para achar a maneira de quebrá-lo possibilitando a construção de uma outra ideia comum mais legítima.

Morigi (2004) também explica que as representações coletivas são as formas de pensamento que a sociedade elabora para expressar sua realidade.

Essas formas são incorporadas e interiorizadas pelos indivíduos através da vida e sociedade através das normas, das regras que formam a estrutura social. Como essas formas de pensamento não são universais nem são dadas às consciências a priori formam-se os sistemas de representação coletivos nos quais torna-se possível criar esquemas de percepção, juízos que fundamentam as maneiras sociais de agir, pensar e sentir dos indivíduos. (Morigi, 2004, p. 4).

Já Moscovici (2003), citado por Morigi (2004), trata as representações sociais através do seu dinamismo. Para o autor, as sociedades industriais e pós-industriais são cenário para representações sociais com papéis mais móveis, flexíveis e com bastante circulação. Elas surgem e podem desaparecer instantaneamente. Muitas delas não conseguem se sedimentar, pois o tempo de duração não permite que se transformem em tradições.

> A sua importância continua a crescer, em proporção direta com a heterogeneidade e a flutuação dos sistemas unificadores – as ciências, religiões e ideologias oficiais – e com as mudanças que elas devem sofrer para penetrar na vida cotidiana e se tornar parte da realidade comum. (Moscovici, 2003, p. 48).

Na figura abaixo, vemos o Campo de Estudos da Representação Social, publicado em artigo de Spink (2010, p. 2).

FIGURA 2. O CAMPO DE ESTUDOS DE REPRESENTAÇÃO SOCIAL. ADAPTADO DE JODELET (1989A)

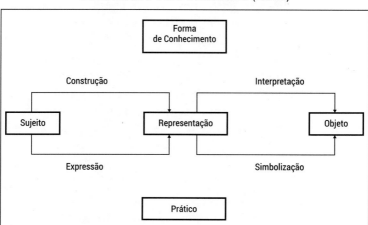

SOCIEDADE NA NUVEM

Aqui, a autora explica, usando a teoria de Jodelet (1989), que quanto mais o sujeito atua na construção ou fortalecimento das representações sociais, mais ele está se construindo enquanto sujeito social. É uma retroalimentação contínua.

É importante ressaltar que, neste esquema, na relação indivíduo-sociedade não há determinismo social, e sim, uma integração de posicionamento em que abre espaço para as forças criativas da subjetividade. Posto isso, as representações, para Spink (2010), não são apenas uma expressão cognitiva, mas também de afeto. Razão que dificulta a sua quebra.

Outro fator importante exposto pela autora é esclarecer a palavra *construção* no modelo da Figura 2. Como as representações são interpretações da realidade, ela se dá sempre como o sujeito vê e identifica o objeto e nunca a reprodução dele. Por essa razão, a relação com o real nunca é direta, ela é sempre mediada por categorias histórica e subjetivamente constituídas (Spink, 2010). Toda essa teoria para tentar explicar que o homem e a sociedade vão se construindo a partir de suas representações e fortalecimento de suas correlações. E, muitas vezes, quando você vê um objeto, pode não ser o que ele realmente é, mas sim a interpretação dele. Se a levarmos para a fala, conseguimos entender que comunicação não é o que você fala, mas o que o outro entende.

2.3. TEORIA DA PERCEPÇÃO SOCIAL

Vale aqui também explicitar, antes de desenvolver a teoria, a definição de percepção. Segundo o Dicionário, significa faculdade de aprender por meio dos sentidos ou da mente. Ou consciência (de alguma coisa ou pessoa), impressão ou intuição, esp. moral.

Gnoato e Spina (2009) explicam sobre a percepção social deste modo:

> A percepção social do indivíduo vai sendo construída paulatinamente à medida que ele desenvolve a capacidade de interagir com o meio, captando e enviando mensagens e expondo seu querer e sua vontade pela ação desenvolvida ou intenção demonstrada. Para isso, o ser humano passa por várias fases

de amadurecimento, com início já em sua fase fetal. Enquanto feto, as sensações são percebidas pelo cérebro sobre o espaço e meio em que se encontra. Ao nascer, é pela percepção advinda do contato com a mãe, e posteriormente com o pai, irmão e demais familiares, que a criança incorpora a realidade que a circunda e as características e condições físicos-sociais nas quais está inserida. (Gnoato e Spina, 2009, p. 63)

Em estudo realizado por Oleto (2006) e publicado no artigo "Percepção da qualidade da informação", o autor tentou mensurar a qualidade de informação e sua conclusão foi:

A percepção da qualidade não é nítida por parte do usuário da informação. Fica mais aproximada do conhecimento popular em vez do conhecimento científico. Talvez seja pela própria falta de conceitos claros que sustentem interpretações inequívocas da qualidade da informação (se isto for possível). (Oleto, 2006, Percepção da qualidade da informação).

Desse modo, percebe-se a tendência do indivíduo a dar mais crivo ao conhecimento popular, baseado no mundo de seu entorno, do que aquele provado em teorias científicas. Para Morigi (2004, p. 8), com a globalização, vivemos sob uma avalanche de informações, discursos, pacotes cinematográficos, telenovelas, telejornais, programas de auditório, *reality shows* e "desenhos animados", entre outros produtos midiáticos que, saturados de imagens, tornam os objetos, os acontecimentos e as pessoas insignificantes. A produção de realidade, sob forma de inflação e de banalização dos sentidos, coloca as ideias e as formas de pensamentos que circulam no espaço público em patamar igual das mercadorias produzidas em série que devem ser consumidas na mesma velocidade em que são produzidas.

O autor explica que, com o avançar da sociedade pós-moderna e a hiperfragmentação dos mundos e indivíduos, acaba por se estabelecer diferentes éticas e moralidades que atuam concomitantemente no mundo social. Essa pulverização dos sentidos traz o individualismo como protagonista, bem como a moral criada por ele, dificultando o posicionamento de uma "moral única".

SOCIEDADE NA NUVEM

2.4. MAS O QUE É MÍDIA SOCIAL?

Como você já pôde reparar, gosto muito de voltar sempre às origens do vernáculo antes de expor o que os conceitos representam. Mídia, do Dicionário Michaelis, é substantivo feminino, "toda estrutura de difusão de informações, notícias, mensagens e entretenimento que estabelece um canal intermediário de comunicação não pessoal, de comunicação de massa, utilizando-se de vários meios, entre eles jornais, revistas, rádio, televisão, cinema, mala direta, outdoors, informativos, telefone, internet etc."

E Social, no mesmo dicionário, é adjetivo:

> Relativo às pessoas ou à sociedade; relativo à organização e ao comportamento do homem na sociedade ou comunidade; relativo ou pertencente à sociedade humana, considerada entidade dividida em classes, segundo a posição na escala convencional; que é dirigido ao conjunto de cidadãos de uma comunidade (país, estado, cidade etc.); que existe com o objetivo de proporcionar sociabilidade; que tende a formar relações cooperativas com outros; gregário, sociável: o homem é um ser social. E, enquanto substantivo: "aquilo que diz respeito ao bem-estar dos seres humanos, como membros da sociedade. Uma de suas prioridades é o social. (Dicionário Michaelis online)

A palavra *social* em mídia social é um adjetivo. O que já define que ela é relativa ou pertencente às pessoas, à sociedade e ao comportamento humano, mas não necessariamente diz respeito ao bem-estar dos membros da sociedade. E, enquanto pertencimento, a mídia social já é uma realidade mundial. Oliveira (1998, p. 37) afirma que "a própria natureza humana exige que os homens se agrupem. A vida em sociedade é uma condição necessária à sobrevivência da espécie humana". Se a socialização é inerente à continuidade da humanidade, seria impossível não considerar a importância da mídia social para a socialização nos dias de hoje. Os gráficos abaixo mostram e comprovam o quanto investimos do nosso tempo nessa relação virtual:

FIGURA 3. O DIGITAL NO MUNDO IMPACTADO PELA
PANDEMIA DA COVID-19, EM JULHO DE 2020

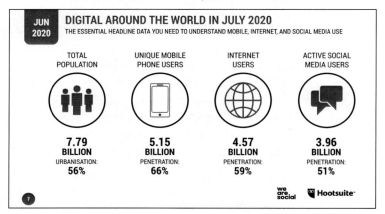

Fonte: We Are Social e Hootsuite report, 2020.

FIGURA 4. TEMPO GASTO POR DIA NA INTERNET POR PAÍS

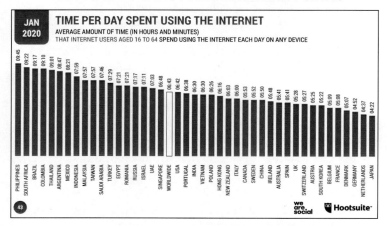

Fonte: We Are Social e Hootsuite report, 2020.

FIGURA 5. TEMPO GASTO EM MÍDIAS SOCIAIS
APÓS IMPACTOS DA COVID-19

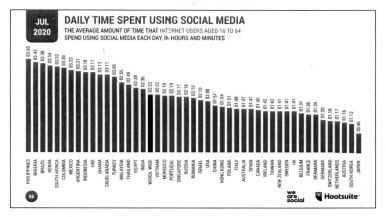

Fonte: We Are Social e Hootsuite report, 2020.

Para Primo (2012), a expressão "mídias sociais" já é onipresente em artigos, livros e imprensa, mas há ainda conceitos não inteiramente fundamentados.

> É como se mídias sociais fossem algo trivial, de significado pré contido e transparente, um entendimento consensual e inquestionável. Uma estratégia comum presente em muitas conceituações sobre o termo são as definições prototípicas. Isto é, uma listagem de exemplos é usada como única explicação. (Primo, 2012, p. 622)

Muitos autores divergem desde a origem do termo até sobre o seu conceito. Há quem diga que a mídia social é apenas embalagem de um produto (Harlow, 2012), sendo que produto seria o conteúdo publicado. Para Primo (2012), citando o livro *Socialnomics*, de Qualman (2010), as mídias sociais são aquilo que se faz nelas – atualizações de status, tuítes, bookmarks sociais, compartilhamento de vídeo e comentários de fotos – são esses os fatores que as definem. No entanto, segundo Jensen, (1999), esse tipo de definição não consegue conceituar o que elas realmente são, o que elas representam enquanto conjunto, uma vez que todas essas atualizações são etéreas, bem como serviços digitais oferecidos são lançados e descontinuados. O Orkut é um exemplo disso. Por essa razão, "você é o que você faz" não pode ser aplicado na definição de mídias sociais, uma vez que nem ela, nem o que publicamos nela, têm longevidade. As atualizações seriam o combustível de uma mídia social e não podemos definir um carro pela gasolina que utilizamos nele.

Sobre a origem, as referências também são diversas. Para os autores do livro[1] *Como o Mundo Mudou as Mídias Sociais?* (2019), a pioneira nos estudos sobre as mídias sociais é Danah Boyd, e seu trabalho de maior influência nesse sentido é o artigo "Sites de Redes Sociais: Definição, História e Cultura", publicado em 2007, em parceria com Nicole Ellison. Segundo Boyd, as primeiras redes sociais norte-americanas eram como um estágio anterior ao Facebook. *Friend Reunited* era um sítio onde indivíduos poderiam conhecer amigos de amigos ou realizar reconexões com amigos distanciados. Mas não havia comunicação nesta rede, não havia conteúdo compartilhado. A partir do momento em que os usuários começaram a interagir nas redes, buscando não somente a expansão de seus contatos, mas também se comunicar com eles e trocar experiências, a rede social se transformou em mídia social.

Os autores do livro também citam Boyd como pioneira na tentativa de definir e caracterizar as mídias sociais. Ela as definiu como sendo "públicos em rede" e sugeriu que possuíam quatro principais características: persistência, visibilidade, propagabilidade e pesquisabilidade.

Já para Primo (2012), quem cunhou o termo "mídias sociais" não foi preciso em seu significado (Bercovici, 2010). Segundo o autor, um pequeno número de pessoas é apontado como criador do termo. Chris Shipley faz parte desse seleto grupo (Israel, 2010), registrando o momento em que trabalhava em uma conferência de entendimento de ferramentas sociais, como blogs, colaboradores sociais, leitores de notícias e sites de perfis, que se desenvolviam de forma independente, mas apresentavam uma mesma dinâmica de interação pessoal no campo virtual, mudando o controle da informação (sem intermediários, teoria do

---

[1] Miller, Costa, Haynes, McDonald, Nicolescu, Sinanan, Spyer, Venkatraman, Wang.

SOCIEDADE NA NUVEM

gatekeeper citada no primeiro capítulo). Shipley relata que havia a necessidade de descrever esses negócios e dinâmicas virtuais, e foi quando surgiu o termo "mídias sociais" (Miller, 2010).

Já *A Sociedade em Rede*, livro de Castells (1999), usa o capitalismo informacional como determinante nessa definição. E diz que esses novos sistemas de informação criaram redes poderosas e revolucionárias, que mudaram a realidade e desenvolveram novas formas de economia política. Ao contrário de outros autores, Castells afirma que a rede impõe de forma implacável a "cultura virtual da realidade" e expõe ainda que "não vivemos em uma aldeia global, mas em casas personalizadas, globalmente produzidas, que são distribuídas localmente".

Há definições mais simples e interessantes. Primo (2012) destaca uma descrição sistemática de Lampe *et al.* (2011, p. 2), que considera mídias sociais como uma ferramenta cujas interfaces de grande usabilidade facilitam a interação no ciberespaço: "O termo "mídias sociais" inclui uma variedade de ferramentas e serviços que viabilizam interação direta do usuário em ambientes mediados por computador". E Telles (2010, p. 19) apresenta a seguinte definição: "sites na internet construídos para permitir a criação colaborativa de conteúdo, a interação social e o compartilhamento de informações em diversos formatos".

Primo (2012) completa com uma conceituação muito interessante. De que a espontaneidade das mídias não existe, nem a autenticidade. Tanto um quanto outro são utópicos. Segundo esse autor, a mídia social, em si, entra em desacordo com toda forma institucionalizada de mídia, porque deixa de ser um intermediário e passa a ser um agente de comunicação.

Em *Networked*, livro de Rainie e Wellman (2012), os autores apresentam a Revolução Tripla: o nascimento da rede social, que traz a diversificação das relações entre indivíduos, a criação da internet, que garante acesso facilitado e preciso a qualquer conteúdo publicado virtualmente, e o surgimento do *mobile*, quando a tecnologia da comunicação se transforma em extensão do homem, permitindo às pessoas acesso em qualquer lugar, em qualquer momento.

Rainie e Wellman (2012) preferem protagonizar, nessa Revolução Tripla, o indivíduo, e não a rede. Eles criaram o conceito de "individualismo conectado", que teve amplitude através da internet. Nela, esse indivíduo conectado obtém ferramentas de criação de conteúdo, busca por informações e consegue formar grupos de interesse segundo suas demandas e necessidades.

Além da Tripla, esses autores também citam a Revolução Mobile e o surgimento de três conceitos: "Presença conectada" – atualização sobre sua vida sem que seja necessário esperar o próximo encontro com seus amigos cara a cara; "ausência presente" – os novos aparelhos nos permitem estar em um lugar, mas focados em outro espaço que não seja necessariamente aquele real; e "presença ausente" – quando nos conectamos a algum amigo distante fisicamente para participar do momento social, utilizando-se as conexões de rede.

São, de fato, muitas teorias. E todas importantes e que nos ajudam a entender esse fenômeno. O principal, entre todas elas, é o fato de que as interações sociais no virtual cresceram exponencialmente. E hoje são consideradas essenciais ou primordiais para sustentação de qualquer relação real. Os potenciais consumidores procuram formas de interagir virtualmente com as marcas antes de realizarem uma compra, a fim de validar um produto ou criticar alguma postura ou qualidade de serviço. Isso vale também para indivíduos. Quantos RHs usam as mídias sociais para averiguar se o discurso do candidato feito *vis-à-vis* é realmente verdadeiro?

Os autores Ciribeli e Paiva (2012) falam sobre a migração dos jovens para as mídias sociais, abandonando seus e-mails, por serem elas menos extensas e formais (Dalmazo, 2009). Segundo Cornachione (2010), as mídias sociais já são o principal canal de comunicação com o consumidor, assumindo em alguns casos funções dos serviços de atendimento – os SACs. O virtual faz tanto parte do cotidiano que talvez seja o futuro da realidade de muitas pessoas.

Em artigo do NY *Times* intitulado "Contato Humano é o novo Item de Luxo" (2019), Nellie Bowles argumenta que hoje muitas das interações de pessoas consideradas das classes abaixo ou igual a B+ são essencialmente virtuais – e, muitas vezes, essa relação não acontece através de uma mídia social que ainda provê contato com outro ser humano, mas sim com apenas e somente uma inteligência artificial. E que somente a classe mais alta consegue "que seus filhos brinquem com blocos de brinquedo e as escolas privadas sem tecnologia estão crescendo. Os seres humanos são mais caros e as pessoas ricas estão dispostas e são capazes de pagar por eles. Interação humana conspícua – viver sem telefone por um dia, abandonar as redes sociais e não responder a e-mails – se tornou um símbolo de status".

Os autores do livro[2] *Como o Mundo Mudou as Mídias Sociais?* (2019, p. 9) criaram a "teoria do alcance". Eles argumentam que muitos veículos sugerem a perda da autenticidade humana com o aumento da interação tecnológica, o que sempre desencadeia uma espécie de medo frente ao futuro. Esse sentimento é normal desde a época de Platão, que acreditava que a escrita – inovação tecnológica na época – prejudicaria a capacidade de memória. A nossa realidade muda sempre com a chegada de cada nova tecnologia. E as mídias sociais vieram para provocar o entendimento sobre o poder da informação e da comunicação em si.

Por outro lado, há também outras opiniões que utopizam as novas tecnologias, atribuindo-lhes a capacidade de nos levar a um modo de vida pós-humano. A "teoria do alcance" afirma que as novas tecnologias não fazem diferença alguma para nossa natureza humana, uma vez que conseguimos, a partir delas, realizar algo que já existe dentro de nós. O sociólogo Goffman demonstrou, de forma convincente, que toda comunicação e sociabilidade ocorre dentro de padrões culturais, ou seja, não existe comunicação ou sociabilidade que não seja mediada, mesmo a frente a frente. E devemos reconhecer que tudo o que fazemos com as novas tecnologias está latente em nossa humanidade, ou seja, trata-se de algo que, como humanos, sempre tivemos o potencial para fazer

---

2 Miller, Costa, Haynes, McDonald, Nicolescu, Sinanan, Spyer, Venkatraman, Wang.

ou ser. Alcançar tal capacidade é consequência da tecnologia. Essa teoria não pretende dizer se a capacidade de enviar memes ou selfies por meio das mídias sociais, por exemplo, é algo bom ou ruim. Ela apenas reconhece que esses processos se tornaram parte do que podemos fazer, do mesmo jeito que hoje podemos ter a capacidade para dirigir um carro, usar um liquidificador, acender uma luz ou tomar água encanada – e isso se chama sociabilidade escalonável.

2.5. TEORIA ATOR-REDE (TAR) OU O INSTRUMENTO É TAMBÉM UM AGENTE COMUNICADOR

Essa teoria é importante para o nosso estudo porque ela dá poder ao não humano. Não só o empodera, mas também atribui o mesmo peso do Humano. Ela nos ajudará a desconstruir as ferramentas de redes sociais como mero acumulador de informações, colocando-as como intermediárias ativas na construção da percepção da realidade do usuário.

A TAR (Teoria Ator-Rede) foi criada no começo dos anos 1980 por Michel Callon, Bruno Latour e Madelaine Akrich. Ela basicamente conceitua que o ator é definido pelo papel que desempenha – sendo ativo, repercussivo – e por quanto efeito produz em sua rede. Dessa forma, pessoas, animais, coisas, objetos, instituições, algoritmos podem ser um ator. Para Latour (2001), ator é qualquer entidade capaz de gerar efeito ou deixar rastros. Tais efeitos definirão a sua competência na rede, e essa competência é o que motiva o ator a agir de determinada maneira (Latour, 2001). A rede, por outro lado, representa as interligações de conexões onde os atores estão envolvidos. O ator-rede "é uma rede com determinado padrão de relações heterogêneas e distintas, ou um efeito ocasionado por determinada rede" (Law, 1992, p. 5).

Mastrocola (2018) salienta a importância, na sociedade formatada em rede, da comunicação entre humano e não humano (computadores, smartphones, por exemplos). E que devemos

SOCIEDADE NA NUVEM

acabar com o julgamento de que agentes humanos são diferentes dos outros (sejam quais forem – computador, instituições, algoritmos) e que, por isso, deveriam ser tratados de forma diferente de outras entidades (Latour *et al.*, 2015). Nessa nossa era, é de extrema importância obter o entendimento que coloca os elementos humano e não humano em um mesmo plano, para que seja possível visualizar as possíveis conexões que se formam e se reconfiguram a todo tempo entre eles.

A TAR surgiu de dois conceitos – tradução e rede – e dois princípios, advindos do filósofo- sociólogo David Bloor: o da imparcialidade, que diz que não se deve reconhecer o *status* de alguém que fez sua reputação sobre ter tido razão frente a algo controverso; e o da simetria, que diz que as mesmas causas explicam crenças verdadeiras e, ao mesmo tempo, as falsas.

Primo (2012) coloca a Teoria Ator-Rede (TAR), ou Sociologia das Associações (como também é denominada), como uma crítica contundente ao que ele chama de Sociologia do Social. "Esta perspectiva desacredita na possibilidade de uma matéria ou força social que esteja por trás dos fenômenos e que os possa explicar". Para Latour (2005), a Sociologia do Social confunde o que se quer explicar com a própria explicação. Circularmente, aquilo que se diz social é explicado justamente por ser social. É como se o social fosse o recheio que dá sabor a ele mesmo. Explicando de uma forma simplista, seria uma espécie de metalinguagem que se retroalimenta constantemente. Essa confusão semiótica é o que dá abertura para que os agentes desta rede – humanos, máquinas, instituições, algoritmos – confundam os outros até se confundirem eles mesmos.

Para Degenhart (2019), a TAR foi descrita como "ontologicamente relativista", uma vez que permite que o mundo possa ser organizado de diversas maneiras (Lee & Hassard, 1999).

> A perspectiva ator-rede sugere uma combinação de agência, estrutura e contexto, na qual nenhum deles existe independentemente do outro (Green, Hull, McMeekin e Walsh, 1999). A TAR focaliza a rede de atores, que corresponde a um ator centrista proposital e uma reunião de elementos e relações (Callon,

1986), na premissa de que a realidade é movida por mecanismos de ação, e qualquer componente da rede, material ou imaterial, pode interagir com os demais componentes (Callon, 1999). Atores são os participantes da rede, representados por humanos e não humanos (actants/atuantes), que auxiliam no desenvolvimento de fatos e interagem no ambiente social, contribuindo para a divulgação. (2019, p. 8)

A TAR enfatiza o cenário em que todos os atores – humanos e não humanos – estão constantemente ligados a uma rede de elementos (materiais ou não). Nessa interação, humanos e não humanos interferem e influenciam o comportamento um do outro, sendo que o não humano pode ser ajustado de acordo com a necessidade humana. Considerando o não humano como sendo qualquer tecnologia voltada à comunicação social, que permite a conexão, tendo a inteligência artificial como característica principal, essa tecnologia acaba alterando também a ordem da vida humana, ditando seu ritmo de pensar e agir. E é então que a TAR consegue provar que o ator não humano pode ser também considerado um mediador, uma vez que é o facilitador da interação humana em todo os seus níveis. Para Degenhart (2019, p. 9), os atores não humanos nada mais são do que todos os meios utilizados para a disseminação de um conhecimento na rede (Latour, 2001). E os não humanos aparecem por trás dos humanos (Latour, 2005) e a união desses atores constrói o conhecimento coletivo da rede (Latour, 2001). Os atores não humanos são reais e capazes de exercer agência tal e qual como os seres humanos (Modell, Vinnari e Lukka, 2017).

Primo (2012) reconhece, a partir da obra e do vocabulário de Latour, que os meios de comunicação virtual não são meros "intermediários" que simplesmente registram e transmitem informações, mas sim, um "mediador" ao fazer diferença nas associações através de algoritmos.

> Uma conversa entre dois colegas de trabalho através do e-mail seria diferente se fosse mantida via Twitter. E também não seria a mesma se ocorresse através de comentários em um blog de acesso público. Como se pode observar, a mídia nestes casos não é um mero condutor de dados. (Primo, 2012, p. 627).

SOCIEDADE NA NUVEM

2.6. EMPATIA E COMUNICAÇÃO NÃO VIOLENTA

Nesse mundo de inúmeras possibilidades interativas, consolidam-se duas importantes teorias para sustentar relações mais harmônicas: a empatia e a comunicação não violenta. Com a ascensão da virtualidade e já tendo a compreensão sobre como criamos personas para nos relacionarmos em todas as esferas (sejam elas virtuais ou reais), o exercício de se manter humano, independentemente do meio escolhido para desenvolver sua característica social, é cada vez mais imprescindível. Devido ao fato de muitos usuários ainda não terem tomado consciência do poder da informação e de seu papel social nas redes, o discurso de ódio foi um dos malefícios que a interação virtual trouxe para a atualidade.

> Portanto, focar a justiça em termos opositivos simples de "culpados X inocentes", pode ser um método e olhar bastante arcaico e violento; pode ser uma forma de apoiar sutilmente a teoria do "olho por olho, dente por dente"; pode ser um modo reducionista de positivar (positivismo) a complexidade humana, "juridificando" dogmaticamente os conflitos humanos e as relações sociais (ou ainda homogeneizando as disparidades); pode ser a reprodução de um dos maiores esquemas mentais viciados e esquizofrênicos do ocidente: o Bem contra o Mal *tout court*. E assim, afirmar o modo de projeção da Sombra sobre os diferentes, vulneráveis, loucos, prostitutas, excluídos e congêneres. (Pelizolli, 2010, p. 3)

Dessa forma, a empatia é um forte aliado ao retorno da humanidade no dia a dia. No Dicionário Michaelis, *empatia*, substantivo feminino, é a habilidade de imaginar-se no lugar de outra pessoa, a compreensão dos sentimentos, desejos, ideias e ações de outrem, qualquer ato de envolvimento emocional em relação a uma pessoa, a um grupo e a uma cultura, capacidade de interpretar padrões não verbais de comunicação.

E, ao estimular o exercício constante da empatia, surge o movimento da Comunicação Não Violenta. É importante contextualizar. Barros e Jalali (2015) fazem um breve relato sobre a Cultura da Paz. Em 1999, a Unesco, organização das Nações Unidas para a Educação, a Ciência e a Cultura, iniciou um movimento em busca da paz mundial. Diante das adversidades como o não cumprimento aos Direitos Humanos, a discriminação e a intolerância em vários aspectos, a exclusão social, a extrema pobreza e a destruição ambiental, a proposta principal desse órgão é promover a conscientização, educação e prevenção. Para a Unesco, a cultura de paz se relaciona por meio da prevenção e resolução do conflito de forma não violenta baseada na prática da tolerância, solidariedade e respeito recíproco.

E em seu estudo, Galtung descreve três tipos de violência:

> Violência Direta, como a doméstica e de fácil reconhecimento, onde as palavras, os gestos são capazes de intimidar, provocar sofrimento além de humilhar e desqualificar o outro. Neste caso, tanto o autor como a vítima são conhecidos e identificáveis.
>
> A Violência Estrutural ou sistêmica (indireta) é a desigualdade social por meio da falta de oportunidades que atendam às necessidades básicas como, alimentação, educação, saúde, moradia e lazer onde as vítimas são visíveis e os autores invisíveis, a exemplo da fome de um povo.
>
> A Violência Cultural, esta, legitima os dois tipos de violências anteriores e se esconde por trás dos discursos sociais pelas quais as vítimas e os autores fazem parte, mas não estão definidos efetivamente a exemplo das instituições de modo geral, resultado de injustiça social causada devido às dificuldades no acesso e recursos como a educação e saúde por exemplo. (Galtung, citado por Silva, 2002)

A teoria da Comunicação Não Violenta (CNV) foi desenvolvida por Rosenberg (2006). O foco, segundo o autor, é estabelecer relações de parceria e cooperação, através de uma comunicação empática e eficaz, enfatizando determinar ações à base de valores comuns. O autor prioriza a necessidade de distinguir: observações e juízos de valor, sentimentos e opiniões, necessidades (ou valores universais) e estratégias, pedidos e exigências/ameaças.

Ele acredita que uma comunicação baseada em tais diferenciações contribui para que não se faça nenhum tipo de classificação – sejam elas dominantes e de cunho irresponsável – que possa vir a rotular ou enquadrar interlocutores ou terceiros.

SOCIEDADE NA NUVEM

Para Rosenberg (2006), há três esferas na CNV. A pessoal, quando o indivíduo se trata de forma violenta, a interpessoal, que é quanto os indivíduos usam de violências em sua comunicação com os outros, e o social/sistêmico, que define a consciência do indivíduo em relação à sociedade – não respeitar regras de boa convivência, fazer uso de pequenos favores em demérito do outro.

A Comunicação Não Violenta, também chamada de Comunicação Empática, objetiva satisfazer as necessidades humanas evitando o uso de medo, vergonha, acusação, falha, coerção ou ameaças. É a capacidade de se exprimir sem usar julgamentos como "bom", "mau", certo e errado. A ênfase é posta em expressar sentimentos e necessidades, em vez de críticas ou juízos de valor.

Barros e Jalali (2015, p. 70) fazem uma análise sobre a CNV e consideram que as necessidades humanas básicas são universais, e as formas para satisfazer essas necessidades é o que difere e desencadeia a violência ou não, a depender da cultura de uma determinada localidade.

Para Pelizzoli (2010, p. 4), a CNV propõe o uso da palavra *compaixão* para falar de nossa natureza basilar – portanto, relacional – no que mais nos atinge: o sofrimento e a busca da felicidade.

> Deste modo, não se trata de "ter pena de alguém" – o que em geral oculta nossa dor, tanto quanto a humanidade do outro, nos colocando num estatuto acima dele. Não se trata de ser "bonzinho"; não se trata ainda de ser religioso, ou de ceder sempre, de apiedar-se propriamente, e de ser sempre emotivo. Trata-se de entender e sentir profundamente que estamos no mundo da vulnerabilidade e que todos queremos ser felizes, todos fazemos muitas coisas boas e ruins em nome disso. (2010, p. 4)

Nesse contexto, a CNV será muito importante para auxiliar empresas e indivíduos a conquistarem seus espaços virtuais sem precisar deferir um grupo ou sobrepor somente o que, à primeira vista, seria de único interesse em demérito de outros.

3. A IMPORTÂNCIA DA SEGMENTAÇÃO

3.1. VOCÊ E SUA MARCA SABEM REALMENTE PARA QUEM FALAM?

Em minha proposta de investigação você perceberá, assim como eu percebi, que diferentes conhecimentos e construções de vida proporcionam diferentes percepções. Talvez os entrevistados (no capítulo 5 exponho a entrevista prática que foi realizada) possam chegar a um mesmo consenso se expusermos conteúdos que provoquem os mesmos gatilhos informacionais diante de suas capacidades de usar seus arcabouços teóricos. Para simplificar, o que quero dizer é, para um consenso semelhante, o conteúdo deverá percorrer diversos caminhos até chegar ao mesmo ponto. A questão principal de toda a comunicação é a mensagem que o receptor (seu público) consegue ver e captar. Por essa razão, neste capítulo serão estabelecidas as correlações dessa investigação com as teorias levantadas de segmentação de público e, como consequência, o resultado da mensagem captada. O que vale antecipar é que, definitivamente, comunicação não é o que você fala, é essencialmente o que o outro percebe.

3.1.1. OS TIPOS DE SEGMENTAÇÃO

As últimas teorias sobre segmentação já discorreram bastante sobre as divisões de que falaremos a partir de agora, que são também muito reconhecidas e utilizadas. Os tipos de segmentação são quatro: geográfica, demográfica, comportamental e psicográfica (Lindon *et al.*, 2009).

Essas segmentações foram criadas há muito tempo para ajudar a entender para quem você está ofertando seu produto e como irá ofertá-lo. Entender, inicialmente, se seu produto se enquadra nas necessidades, desejos ou demandas do seu potencial consumidor.

A segmentação **Geográfica**, como o próprio nome diz, divide as pessoas pela localidade. Pessoas em países tropicais terão mais necessidade de protetor solar e chinelo do que moradores de áreas montanhosas, que precisarão de casacos resistentes e botas. Sendo assim, a necessidade vem da localização do potencial consumidor. É a segmentação mais antiga que existe. Hoje, com as mídias sociais e a globalização, a geografia é importante em termos climáticos e estruturais, mas não é a principal motivadora ou impeditiva de um produto ser apresentado a um mercado específico.

Já a **Demográfica** é a mais simples e a mais usada (Yonatan, 2018). Com base em variáveis, essa segmentação consegue dividir seu público através da idade, gênero, tamanho da família, renda, ocupação, religião, etnia e nacionalidade, por exemplo.

Quando você vai segmentar, por exemplo, o mercado de bolsas, há produtos mais baratos e produtos que custam mais caro que um automóvel. Essa divisão pode ser feita através da demografia focada na renda do grupo pesquisado. Um videogame para adolescentes será divulgado para a segmentação que tiver a idade recomendada ao produto.

Segundo Veiga-Neto (2007):

> As pesquisas de mercado costumam colecionar rotineiramente perfis como idade, renda, educação e outros fatores mensuráveis que possam indicar uma preferência por marca, produto, tipo de mídia ou diversão (Wells, 1975). Porém, as informações demográficas apresentam várias limitações, por não apresentarem grupos homogêneos, conduzindo a possíveis simplificações e estereótipos. (2007)

A **Comportamental**, como o próprio nome diz, divide a população com base em seu comportamento, pelo uso de produtos e tomadas de decisão. Segundo a CRM7 (2018), os jovens têm preferência pela pasta de dentes Closeup, enquanto a mães de família tendem a comprar as pastas da Colgate. Outro exemplo que a CRM7 dá é o mercado inicial de smartphones, quando o Blackberry foi lançado para usuários que eram pessoas de negócios, a Samsung foi lançada para usuários que gostam do Android e gostam de vários aplicativos por um preço

SOCIEDADE NA NUVEM

mais acessível e a Apple foi lançada para os clientes *premium*, que querem fazer parte de um nicho exclusivo e diferenciado.

Podemos atribuir as datas comemorativas a essa segmentação **Comportamental**. Dia dos Namorados, Dia das Mães, Dia dos Pais, Natal e Páscoa são exemplos perfeitos, uma vez que o padrão de compra de cada uma dessas datas é diferente do padrão dos dias normais.

E, por último e não menos importante, a segmentação **Psicográfica**. Nela o que conta é o estilo de vida, as atividades, os interesses e as opiniões das pessoas. Muito semelhante à comportamental, a **Psicográfica** se preocupa também com os aspectos psicológicos do comportamento de decisão de compra do consumidor. *Lifestyle* e posição social são essenciais para esta análise do público. A maioria das marcas hoje busca dividir seu público através do estilo de vida. As grifes de roupa foram uma das pioneiras em adotar essa segmentação. Zara, Prada, Channel, cada uma possui sua característica e busca os seus potenciais consumidores através do *lifestyle* disseminado e compartilhado. Segundo Engel, Blackwell e Miniard (1995, p. 293), "as medidas psicográficas são mais abrangentes do que as demográficas, as comportamentais e as socioeconômicas" separadamente.

O Portal da Educação (2018) acredita que há ainda outro tipo de segmentação: a por **Volume**.

Nela, há a divisão por mercados de pequeno, médio e grande porte. Muito usado nas indústrias e distribuidores. Para o site supracitado, você tem uma segmentação eficaz no mercado quando tem **Mensurabilidade**, ou seja, ela precisa ser medida; **Substancialidade**, precisa ter o tamanho ideal para rentabilidade e, ao mesmo tempo, ser atendida; **Acessibilidade**, na qual os segmentos precisam ser eficientemente atingidos e atendidos; **Diferenciabilidade**, que garante a distinção entre eles; **Operacionalidade**, o que traz a eficácia em poder atender diversos segmentos e conseguir identificar o consumidor; **Homogeneidade** (similaridade), os consumidores dentro de uma divisão devem ser semelhantes e, por fim, **Heterogeneidade**, que em diferentes segmentos devem ser diferentes.

3.1.2. OUTROS TIPOS DE SEGMENTAÇÃO

3.1.2.1. METODOLOGIA VALS

Para entender os públicos, novas teorias apontam, entretanto, que os tipos de segmentação supracitados não são suficientes. Criada por Arnold Mitchell em 1983, no SRI – Stanford Research Institute (http://www.sric-bi.com/VALS/), por exemplo, a escala VALS parte do pressuposto de que as pessoas são motivadas por duas grandes auto-orientações. A primeira é composta por três gatilhos: motivação oriunda de seus ideais; realização – quando há a busca pela aprovação social; e sua autoexpressão, sua atividade social ou física frente a um desafio ou resistência aos controles pré-impostos (quando são levados por um desejo de atividade social ou física, movidos pelo desafio e pela resistência aos controles). Já a segunda é baseada nos seus recursos individuais – físico, psicológicos, emocionais, sociais, financeiros e visionários.

Utilizando essas duas vertentes, houve a classificação de oito grupos psicográficos distintos, como representado na figura a seguir.

FIGURA 6. GRUPOS PSICOGRÁFICOS VALS

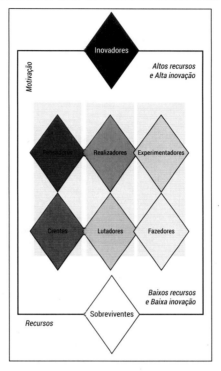

Fonte: SRI (2008).

TABELA 1. EXPLICAÇÃO DOS GRUPOS PSICOGRÁFICOS VALS

Grupo Psicográfico	Características
Inovadores (*Innovators*)	Pessoas bem-sucedidas, sofisticadas, líderes. Foco no crescimento, autodesenvolvimento e autoconhecimento. Autoestima é alta. Vidas caracterizadas pela diversidade e pela busca por desafios. Escolhas refletem produtos e serviços de nicho e de alto nível.
Pensadores (*Thinkers*)	Pessoas maduras, satisfeitas, apreciadoras de conforto, reflexivas, valorizam a ordem, o conhecimento e a responsabilidade. São educadas e desenvolvem atividades que exigem títulos profissionais, suas compras se baseiam na questão da durabilidade, funcionalidade e valor dos produtos, buscando informações no processo de compra.
Realizadores (*Achievers*)	Pessoas orientadas para uma carreira de sucesso, controlam suas vidas, valorizam a estabilidade em vez do risco, são profundamente dedicadas ao trabalho e à família, respeitam a autoridade e o *status quo*, e preferem produtos que demonstram seu sucesso aos seus pares.

Grupo Psicográfico	Características
Experimentadores (*Experiencers*)	Jovens, impulsivos, tem vitalidade, entusiastas, gostam do novo, do extravagante e do arriscado. São consumidores ávidos de roupa, comida rápida, música, filmes e vídeos, gostam de esportes e recreação ao ar livre.
Crentes (*Believers*)	Pessoas conservadoras, convencionais, com convicções concretas, baseadas em códigos tradicionalmente estabelecidos, como família, igreja, comunidade e nação. Procuram viver sobre um código moral, preferem marcas estabelecidas e produtos conhecidos.
Lutadores (*Strievers*)	Pessoas que buscam motivação, autodefinição e aprovação do mundo ao seu redor. Incertos de si e com poucos recursos econômicos, sociais e psicológicos, preocupam-se com as opiniões das outras pessoas, procuram produtos que imitam os comprados por pessoas de renda maior.
Fazedores (*Makers*)	Pessoas práticas que têm habilidades construtivas e valorizam sua autossuficiência, vivenciam o mundo trabalhando nele, não se impressionam com bens materiais, são politicamente conservadores, suspeitam de novas ideias e compram seus produtos baseados no valor e não no luxo
Sobreviventes (*Survivors*)	Pessoas de situação muito difícil, baixo nível de educação e qualificação profissional, são consumidores cautelosos, mas são leais a suas marcas favoritas. Estão frequentemente resignados e passivos, suas preocupações imediatas são a sobrevivência e segurança.

3.1.2.2. METODOLOGIA OCEAN

A seguir listaremos duas metodologias que já começaram a segmentar o usuário nas mídias sociais. A segmentação tradicional, por ser antiga, não separa o público potencial e como ele se comporta nos diferentes canais de comunicação. Por essa razão, em se tratando do mercado virtual, sugere-se mixar a metodologia de segmentações propostas acima – escolher a que mais tem relação com a sua marca – com os perfis de usuários aqui abaixo representados. Falaremos primeiro da metodologia Ocean (Vision One, 2017), que traz os Big Five (tradução literal do inglês, Os Grandes Cinco) e das personalidades dos usuários das mídias sociais. São eles:

1. OPENESS — Quando o usuário é aberto para a experiência e o quanto está predisposto a mudanças, novas experimentações e criatividade.

2. CONSCIENTIOUSNESS — O usuário tem mais autodisciplina e tem mais foco, bem como organização, para atingir seus objetivos.
3. EXTROVERSION — O tamanho do grau de envolvimento do usuário com o mundo exterior, sua sociabilização e otimismo.
4. AGREEABLENESS — O usuário tem alta capacidade de sentir empatia e colaborar com outras pessoas.
5. NEUROTICISM — Usuários que têm tendência à instabilidade emocional e predisposição a sentir-se dominado por sentimentos ruins, como depressão ou ansiedade.

3.1.2.3. METODOLOGIA FIRST DIRECT

Esta metodologia foi elaborada pelo Banco on-line First Direct (2018), que investiu em uma pesquisa e conseguiu se chegar a 12 tipos de usuários das mídias sociais. São eles:

TABELA 2. EXPLICAÇÃO DOS USUÁRIOS PELA METODOLOGIA FIRST DIRECT

TIPOS DE USUÁRIOS	DEFINIÇÃO
Ultras	Considerados os usuários viciados em mídias sociais. Têm orgulho de seu vício e de acompanhar atualizações várias vezes ao dia. Para atrair os Ultras, é necessário oferecer conteúdo relevante em formatos diferenciados e inovadores.
Mergulhadores	O tipo de usuário que fica dias ou semanas longe das redes sociais. Para alcançá-los, é necessário republicar o mesmo conteúdo com frequência moderada.
Negadores	Este grupo não admite ser controlado pelas redes sociais, negando sua interação constantemente. Porém, desenvolvem ansiedade caso não consiga acessá-las com a frequência de costume. E, por incrível que pareça, devem ser tratados como os Ultras, só que não podem saber que estão dentro do mesmo perfil.
Questionadores	Onde se inicia toda a conversa nas redes sociais. Eles usam todas as ferramentas (status, stories e enquetes) para buscar a socialização. Por serem engajados, é um alvo precioso para a marca estabelecer vínculo. A melhor forma de interagir é sendo natural, criando discussões interessantes com os quais eles se motivem a participar e compartilhar as questões levantadas.
Virgens	Os novos usuários. Para criar vínculos já desde o início, a proposta é ser didático nas publicações, evitando _argões.

TIPOS DE USUÁRIOS	DEFINIÇÃO
Espreitadores	São os observadores e poucos participativos. Eles quase nunca interagem ou publicam. O compartilhamento deles é off-line. Então, é um público difícil de lidar, uma vez que não se consegue seu feedback ou mapear sua opinião, pois ela é muitas vezes feita verbalmente, podendo influenciar seus amigos, que podem, estes sim, compartilhar algo já influenciado positivamente ou negativamente em relação à marca.
Fantasmas	São os que têm literalmente medo de compartilhar suas informações, criando, dessa forma, perfis anônimos. O ideal aqui é focar mais na segmentação por interesses e ações, do que em informações demográficas, ao investir em anúncios, por exemplos.
Pavões	Como o nome diz, são os usuários que gostam de se exibir e serem reconhecidos. Eles têm alto número de seguidores, curtidas e apelo por serem populares. Conteúdos que os reconheçam e os coloquem como centro, fazendo-os ser peça importante do compartilhamento são os mais recomendados.
Substituídos	Estes são os tipos que adotam personalidades diferentes para que não reconheçam sua real identidade. Normalmente envolvidos com atividades ilegais, as marcas precisam ficar atentas aos sinais de alerta se alguém com esse perfil se aproximar da marca.
Informantes	Este grupo gosta de ser *trend-setter*, almejando sempre ser o primeiro a compartilhar novidades, porque tem como objetivo ganhar credibilidade em sua rede de contatos. É um tipo de perfil bem interessante pra qualquer marca estabelecer vínculo porque é uma grande fonte de compartilhamento.
Reclamões	São os *haters*. Os que usam a pretensa proteção das redes sociais para soltar toda a sua raiva. O melhor jeito de lidar com eles é não dar muito espaço. Quanto mais se envolver, pior pode ser.
Perseguidores de aprovação	São os que querem ser aprovados sempre. Por essa razão, buscam interação em suas publicações ou comentários. Quanto mais interagir com esse grupo, mas se sentirá valorizado e será um grande compartilhador de seu conteúdo.

4. A IMPORTÂNCIA DO POSICIONAMENTO DE MARCA VALE MAIS QUE O PRODUTO EM SI

Chave do sucesso: colocar-se no sapato de seu potencial consumidor e pensar como ele.

Enquanto a segmentação cria grupos para encaixar dentro de semelhança(s) ou interesse(s) comuns, refletindo em seu comportamento e forma de consumir itens e serviços (Weinstein, 1995) e estabelecendo uma perspectiva de onde, com quem e por quem a empresa irá competir, o posicionamento trata a forma como ela irá competir.

Oliveira e Campomar (2007) citam Gwin e Gwin (2003, p. 31) ao explicarem sobre a importância do posicionamento e da segmentação, que são conceitos independentes, mas o primeiro nunca trará resultados positivos se não houver uma boa estruturação do segundo. Ou seja, sem você saber o público da sua marca, não conseguirá se posicionar.

Para Di Mingo (1987), existem dois lados do posicionamento. O primeiro é o de Mercado, em que há a identificação de um potencial Mercado ou segmento, analisando vulnerabilidades, concorrentes e estratégia para competir.

> Essencialmente, o processo envolve a determinação dos critérios para o sucesso competitivo – sabendo o que o mercado quer e precisa, identificando a empresa e pontos fortes e fracos dos concorrentes e avaliação de habilidades para atender aos requisitos do mercado melhor do que os concorrentes de uma empresa. Já o perceptivo, é quando se fabrica uma identidade corporativa ou de produto diferenciada. O perceptivo parte do primeiro posicionamento, o de Mercado, e se mune de ferramentas comunicacionais de todos os níveis para levar o cliente em potencial a uma decisão de compra. Esse segundo tipo de posicionamento traduz valores determinados pelo mercado em uma linguagem clara e focada e as imagens

visuais que instalam um produto em seu próprio nicho na mente do consumidor. E se for bem feito, naturalmente, também instalará o produto na casa do consumidor ou local de trabalho. (1987)

Hooley e Saunders (1996, p. 237) acreditam que uma vez definido o segmento de atuação, a empresa deve encontrar um espaço "perceptual" dentro do que já é ocupado, de forma que a nova oferta assuma um lugar que potencialize a sua diferenciação, e não a confusão. A confusão se transforma em falência e a diferenciação aumenta as suas chances de sucesso. E entender este espaço entre as duas é uma linha tênue.

O que os autores tentam explicar é a importância de as empresas saírem da commodity visual, comunicacional e de posicionamento. Por essa razão, passaremos agora pelas cinco características do objeto (a mente humana), propostas por Trout e Rivkin (1996), que servem, segundo eles, como fundamentadoras do posicionamento diferenciado. São elas:

1) **Mentes são limitadas**: tanto a percepção como a memória do consumidor são seletivas, ou seja, apenas o que receber atenção terá oportunidade de ser retido.

2) **Mentes detestam confusão**: quando mais complexa a comunicação, mais difícil ter resultado.

3) **Mentes são inseguras**: ninguém sabe o que quer ou por que deseja algo. Sem contar que mentes são emocionais e não racionais. Ter uma marca reconhecida traz a segurança necessária, diminuindo dessa forma a percepção de risco.

4) **Mentes não mudam**: uma posição sólida só se altera se a pessoa quiser, é de dentro para fora e não ao contrário. Pois, segundo os autores, há uma resistência inata do ser humano à mudança.

5) **Mentes podem perder o foco**: quanto mais complexa a proposta ou o crescimento de novos produtos com nomes consolidados, mais aumenta a oportunidade da confusão e a tendência dos consumidores a buscarem opções mais claras e simples (1996, p. 8-47).

Oliveira e Campomar (2007) expõem a questão de profissionais de marketing conceituarem talvez erroneamente o posicionamento do produto.

SOCIEDADE NA NUVEM

Martinez, Aragonéz e Poole (2002, p.165) trazem a perspectiva de que as posições dos produtos são descritas com base em atributos e valores importantes para grupos específicos de consumidores. No entanto, ressalta-se que a própria vantagem diferenciada pode advir do posicionamento, não sendo necessária sua prévia constituição, uma vez que o processo considera, fundamentalmente, a dimensão perceptual do público-alvo. Na mais conhecida publicação de Ries e Trout (1997), os autores afirmam que posicionamento é um sistema de pensamento que constitui uma nova abordagem da comunicação, tão necessária e apropriada à realidade atual, saturada de comunicação. Por entenderem que o posicionamento diz respeito ao que se faz com o cliente em perspectiva, consideram incorreta a utilização do termo "posicionamento de produto", embora esse seja o termo mais utilizado na área de marketing para quando se quer expor o seu conceito (2007).

Depois de toda a conceituação, Oliveira e Campomar (2007) afirmam que posicionamento "é a definição de uma proposta de valor que interesse à empresa, que seja significativa a um público-alvo e que, na percepção dele, seja mais atrativa em relação às propostas elaboradas pela concorrência".

Para Toledo e Hemzo (1991), é ele, por sua vez, que forma a imagem da marca, juntamente com fatores ambientais, consistência do que é comunicado e ofertado pela empresa e a percepção dos atuais e potenciais consumidores.

Uma questão muito importante dentro desse tema, e que este estudo busca colocar, é sobre essa diferença entre o posicionamento desejado e o obtido pela empresa. Porque não há apenas as variáveis expostas acima, mas também, de acordo com Rocha e Christensen (1999), não podemos deixar de analisar a condição atual da empresa, a sua história passada e as experiências pessoais dos consumidores, dentre outros fatores. Para esses autores, simplificando todos já aqui mencionados, o posicionamento consiste na elaboração e comunicação estruturada de uma marca e de sua proposta de valor, partindo de aspectos importantes para uma determinada segmentação, e que serão processadas e comparadas com seus concorrentes, originando, dessa forma, o posicionamento percebido. A Figura abaixo, elaborada por Oliveira e Campomar, MC (2007), expõe essa concepção.

FIGURA 7. PROCESSO E CONDICIONANTES DO POSICIONAMENTO EM MARKETING

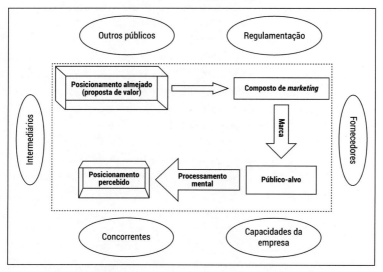

Fonte: Elaborada pelos autores Oliveira e Campomar, MC (2007).

Para Oliveira e Campomar, M.C (2007), é de extrema importância buscar a maior similaridade possível entre o posicionamento pretendido pelas marcas e o percebido pelo seu público-alvo. Segundo os autores, "a posição transmitida aos seus clientes deve ser consistente com o seu direcionamento estratégico".

FIGURA 8. RELACIONAMENTO ENTRE IMAGEM E POSICIONAMENTO

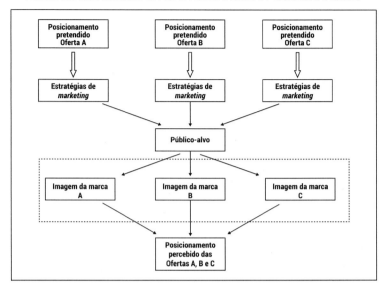

Fonte: Elaborada pelos autores. Oliveira e Campomar, MC (2007).

Portanto, para Oliveira e Campomar, M.C (2007), o posicionamento deve refletir a identidade da empresa e não do produto, uma vez que pode ser uma fraqueza que futuramente será apontada pela sua concorrência. Sem contar que o posicionamento precisa ser avaliado regularmente, pois ele funciona como um guia para a empresa, e deve sempre identificar as mudanças nas preferências do público-alvo e como eles reagem às informações recebidas a partir de suas percepções. Dessa forma, consegue-se corrigir a trajetória num processo de melhoria e evolução contínua. Manter, então, a competitividade significa manter a empresa sempre de acordo com o seu ambiente e entorno, atualizada e inserida. Com a série de transformações que o mundo vive ultimamente e pelas quais passará continuamente, o reposicionamento é uma atividade essencial para a manutenção do sucesso empresarial ao longo do tempo.

5. APLICANDO A TEORIA NA PRÁTICA

5.1. O QUE SE VÊ É REAL?

Ilusão, do Dicionário Michaelis, é substantivo feminino e significa erro de percepção ou de entendimento; engano dos sentidos ou da mente; interpretação errônea; efeito artístico produzido pelo ilusionismo.

Quem se lembra da polêmica do #TheDress? Um vestido em que metade do mundo viu branco e dourado e, a outra metade, preto e azul. Por semanas, foi discutida a ilusão que o vestido causava e uma das principais era o entendimento da existência de diferentes percepções sobre uma mesma coisa.

Ron Chrisley, diretor do Centro de Pesquisa de Ciência Cognitiva na Universidade de Sussex, disse ao *The Guardian* (2015) acreditar que o problema está principalmente no fato de que todo mundo esquece que a questão do vestido é entender que estamos lidando com uma ilusão. Chrisley explica que não se trata somente das cores que nosso cérebro traduz, mas também do contexto para informar nossas experiências. Há pessoas que conseguem enxergar o que está na frente delas e há aquelas que são mais afetadas pelo contexto que as cerca, fazendo-as ver cores diferentes.

O jogo da ilusão do vestido levantou questões relativas às percepções sociais e do mundo em que acreditamos que vivemos, principalmente nesta nova era virtual. Criamos certezas sobre verdades que podem não ser tão verdadeiras assim. Tudo porque a percepção hoje com as mídias sociais ganhou poder sobre a construção opinativa do indivíduo sobre o seu entorno.

Como já exposto no Capítulo 2, percepção social é criada a partir do arcabouço empírico que o indivíduo construtor desta sua realidade possui para formar a sua representação do que vê e percebe.

Como mencionado por Gnoato e Spina (2009), muito da realidade vista e percebida vem, portanto, de uma construção daquilo que foi vivido pelo indivíduo. Além disso, a forma de interpretação do que se vê é baseada em sua percepção.

Setton (2001), em *Mídia e Educação*, utiliza-se de algumas definições para também explicar o que a tecnologia trouxe neste panorama perceptório.

> Martín-Barbero problematiza as novas condições técnicas de socialização do mundo contemporâneo. Para ele, a tecnologia não é só aparato instrumental qualquer. A estruturação técnica vivida pela modernidade disponibiliza um novo organizador perceptivo, um reorganizador da experiência social, um novo sensorium, como diria Walter Benjamin, que introduz diferenças de percepção entre grupos de faixa etária distintas. (Setton, 2001, p. 55).

Não somente a faixa etária, mas também o contingente de realidade afetam diretamente o que o indivíduo vê. Em documentário recém-lançado pela Netflix, *Privacidade Hackeada* (2019), este tema da percepção de mundo é bastante explorado e, convenhamos, é assustador.

Uma empresa chamada Cambridge Analytica, com a cessão do Facebook, usou um algoritmo para alcançar os usuários da maior mídia social existente hoje, baseando-se em seus gostos e opiniões, bem como formas de perceber a realidade.

A partir dessa estruturação, da segmentação demográfica e padrão de vida, a empresa criava vídeos e anúncios com vieses específicos para elaborar uma percepção de mundo ao usuário, fazendo-o, assim, mudar a sua opinião ou garantir seu voto. Kaiser Brittany, ex-funcionária da empresa, que expôs tudo o que aconteceu, relatou:

> A verdade é que não visamos igualmente todos os eleitores. A maior parte dos nossos recursos foi para visar aqueles que podiam mudar de ideia, os persuasíveis. Nós os bombardeamos com blogs, anúncios, artigos nos sites, vídeos, todas as plataformas que possa imaginar. Até que vissem o mundo como nós queríamos. Até que votassem no nosso candidato. Como um bumerangue, você envia os seus dados, eles são analisados, e voltam para você como uma mensagem direcionada para mudar seu comportamento.

SOCIEDADE NA NUVEM

Trazendo o contexto da representação, percepção sociais e TAR desenvolvidos no Capítulo 2, bem como a segmentação dos usuários das mídias explorada no Capítulo 3, é possível, usando o algoritmo como agente mediador, forjar a realidade do indivíduo sem que ele perceba que não é mais protagonista de sua construção social. Ele passa a ser apenas aquele que detém o poder de suas informações, mas que, ao serem colocadas nas mídias, serão usadas por outro para inventar uma ilusão na qual ele passa a acreditar como sendo algo que ele criou. É incontestável a importância da conscientização sobre o poder da informação nos dias de hoje. Segundo a tese de doutorado de Terraz (2010, p. 96), a cultura da criação, para Deuze (2009, p. 22), está se tornando rapidamente o centro da atividade industrial e individual na emergente economia cultural globalizada. Para ele (Ibid, p. 23), a mídia, sob qualquer formato ou tamanho, amplifica e acelera essa tendência, pois não apenas consumimos a mídia digital, bem como vivemos nela. A tecnologia é central no trabalho da mídia atual, alerta Deuze (2009, p. 31).

As empresas podem participar dessa construção de uma maneira mais consciente e menos maquiavélica. E, como visto no caso da Cambridge Analytica, o conhecimento está tão universal que vieses não justos podem rapidamente ser denunciados, e fica difícil, com a memória hoje registrada em TeraBytes, esquecer de algum fato traumático.

Há, sim, formas de as empresas participarem da construção das representações e percepções do indivíduo sem perder a ética, muito menos resultados por comunicarem de forma inapropriada. Para mostrar essas representações construídas em coletivo, fizemos uma pesquisa pragmática com 54 indivíduos de diversas classes sociais, econômicas, profissionais, identidade e orientação sexual para mostrar o quanto a experiência individual, sua percepção, pode influenciar diretamente na representação virtual de uma imagem corporativa.

5.2. O BRASIL E AS MÍDIAS SOCIAIS

Segundo relatório das empresas We are Social e Hootsuite, em janeiro de 2020 havia 150,4 milhões de usuários de internet no Brasil, registrando um aumento de 8,5 milhões (+6%) entre 2019 e 2020. A penetração da internet no Brasil era de 71% em janeiro de 2020.

Somente em redes sociais, o mesmo relatório apontou aumento de 11 milhões de usuários nas mídias sociais, que representam um incremento de 8,2% em relação ao estudo anterior, totalizando 140 milhões de usuários e penetração de 66% no país.

Das redes sociais mais utilizadas por pessoas de 16 aos 64 anos está o YouTube com 96%. Em seguida, Facebook, com 90%, Whatsapp, 88%, e Instagram, 79%. O poder das mídias sociais cresce exponencialmente. O número de ligações móveis no Brasil diminuiu 1,6% (o equivalente a 3,4 milhões) entre janeiro de 2019 e janeiro de 2020.

5.3. A PERCEPÇÃO SOBRE O QUE É VISTO COMO POLÊMICO

Nesta proposta de investigação, objetivou-se a busca de percepções sobre uma série de campanhas consideradas polêmicas. Em um modelo pragmático misto, foram coletadas respostas quantitativas e qualitativas utilizando-se uma ferramenta on-line de *survey*, a Google Forms. O entrevistado basicamente tinha que responder a duas questões. Na primeira, deveria quantificar o quanto ele se identificava com uma campanha específica. E na segunda, descrever o porquê de ter votado naquela classificação. Pela pouca amostragem e pela amplitude em poder mensurar as entrevistas, o estudo não pode ser usado como referência, mas somente como percepção. Apesar de não ter uma amostragem representativa, a pesquisa trouxe algumas informações relevantes ao tema, que serão discutidas no decorrer deste livro.

A metodologia adotada para desenvolvimento desse estudo fundamentou-se nos pressupostos da pesquisa pragmática, ou seja, qualitativa combinada com recursos da abordagem quan-

SOCIEDADE NA NUVEM

titativa, na intenção de fornecer conteúdo necessário para compreender a relação comunicacional entre empresas e indivíduos.

5.4. BOLHA INFORMACIONAL, CONTEXTO E PERIGO DE UM PÚBLICO CEGO

As campanhas selecionadas que veremos a seguir são controversas, mas nem todos os entrevistados viram desta maneira. E foi justamente esta heterogenia das respostas que impulsionou este estudo. Porque a diversidade de opiniões comprova as teorias da representação e percepção social expostas anteriormente, ou seja, o senso comum, a bolha em que o indivíduo vive influencia diretamente sua interpretação sobre as mensagens recebidas.

Essa bolha é algo que sempre existiu, mas agora – assim como tudo, graças a internet – ela se expandiu. Nós escolhemos o que queremos ler e ouvir. Esse comportamento seletivo e de autocuradoria sempre ocorreu. Agora, porém, há algoritmos que, através de suas escolhas, oferecem uma linhagem de conteúdo – o que traz à tecnologia um viés manipulador –, deixando o usuário ainda mais preso numa bolha não só de escolhas e opiniões, mas de valores. Quando há a tendência ao monotema, a chance de se entender uma heterogenia de pensamento, comportamento e escolha cai potencialmente. E quem escreve nas mídias sociais, principalmente as instituições, empresas e figuras públicas, precisa substancialmente estar aberto e consciente das bolhas informacionais que tendemos a nos colocar.

Este estudo mostra também uma outra questão: a do contexto. Quando se passa um tempo convivendo com alguém – seja quem for –, você acaba se familiarizando com sua forma de pensar, agir e se posicionar, mesmo que seja um comportamento não sadio, há uma inclinação de você aceitar tal ação, uma vez que já se tornou íntimo deste alguém. Esse público cativo e íntimo da empresa e de seu posicionamento aprovou algumas dessas campanhas polêmicas que, numa esfera coletiva, agridem, ferem e/ou invadem a esfera de outros grupos e membros sociais, o que ocasionou que fossem posteriormente até censuradas por órgãos reguladores – o que não impediu o público de continuar defendendo a marca.

Essa defesa cega e egoísta, com falta de empatia ao pensar que algo que você gosta pode fazer mal a outra pessoa, é o que observamos recorrentemente no cenário atual. Por outro lado, o que parece ser bom para empresa por ter desenvolvido uma relação desse gênero com seu público, é, a longo prazo, o seu pior inimigo. Porque, ao existir um fechamento em temas direcionados a um público específico aderente a certas opiniões que automaticamente excluem outros grupos, a empresa tem grandes chances de não crescer em seu mercado para outros potenciais consumidores. É importante também entender a força que uma instituição tem. Por ser formadora de opinião e criadora de conteúdo, toda empresa, instituição e figura pública possui a responsabilidade de lidar com a informação de forma sustentável, sadia e focada no ensinamento da aceitação e na construção de uma sociedade harmônica e pacífica.

Por essa razão, a pesquisa realizada aqui que não serve como referência, pois foi desenvolvida para conhecer mais o entrevistado e conseguir, dessa forma, captar um pouco de seu panorama de conhecimento e experiencial. Além dos dados demográficos padrão, a pesquisa aborda pontos sociais conflitantes, como orientação política e identidade de gênero.

O objetivo aqui é visualizar, ao menos, um pouco da compreensão de como o indivíduo se sente situado na sociedade e, a partir daí, traçar uma correlação com a sua interpretação frente à campanha analisada. Objetiva-se, assim, delinear uma possibilidade de visão de mundo de diversos públicos para que as empresas possam ampliar sua visão sobre o seu território virtual e conseguir universalizar a sua língua, diminuindo os abismos comunicacionais.

5.4.1. PERFIL DOS ENTREVISTADOS

Antes, porém, mostraremos o perfil dos entrevistados para entendimento da amostragem recebida. Dos 54 entrevistados, são:

FIGURA 9. FAIXA ETÁRIA

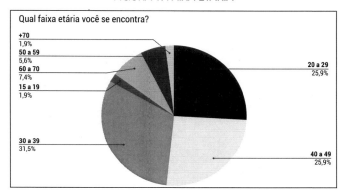

FIGURA 10. GRAU DE ESCOLARIDADE

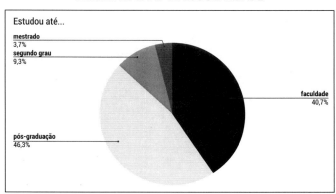

FIGURA 11. FILHOS

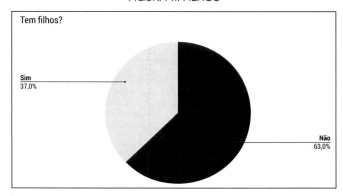

FIGURA 12. PETS

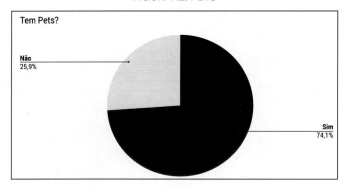

FIGURA 13. RENDA FAMILIAR

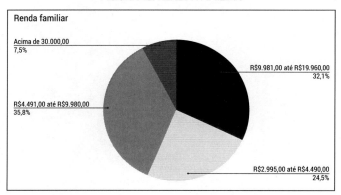

FIGURA 14. ESTADO CIVIL

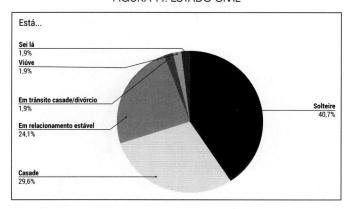

FIGURA 15. PERCEPÇÃO ACEITAÇÃO SOCIAL

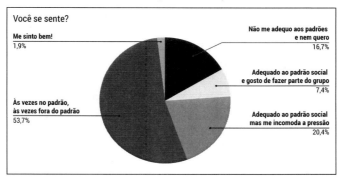

FIGURA 16. INCLINAÇÃO POLÍTICA

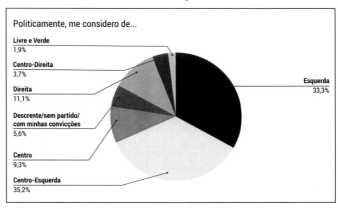

FIGURA 17. IDENTIDADE DE GÊNERO E ORIENTAÇÃO SEXUAL

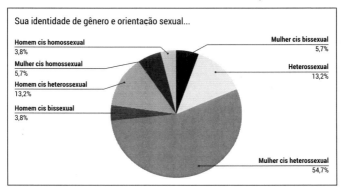

Essa amostragem ilustra um público jovem (57,4% de 20 a 39 anos), com menos filhos (64,8% não têm), mais pets (75,9% têm), 85,20% têm grau superior e pós-graduação, a renda familiar predominante foi a de R$4.491 a R$9.980 (35,2%), maioria solteira com 42.6%, com tendência política esquerda e centro-esquerda (68,5%) e identidade de gênero e orientação sexual predominantemente heterossexual feminino e masculino cis (72%).

5.4.2. O POSICIONAMENTO DESTAS MARCAS ESTÁ DE ACORDO COM A SUA REALIDADE?

Apresentaremos agora as campanhas. As perguntas foram feitas sem contextualizá-las para entender se o entrevistado tinha conhecimento sobre elas e se, caso não tivesse, como seria vê-las pela primeira vez. Colocaremos, entretanto, um breve histórico de cada uma.

5.4.2.1. CAMPANHA DA SURFRIDER

Esta campanha de 2012 objetiva somente comunicar sobre a gravidade de ter plástico no mar, trazendo para a realidade cotidiana do indivíduo o que as suas escolhas sobre o consumo e manejo do lixo acarretam como consequência para ele mesmo. A associação alega que visava tocar o indivíduo com esse problema, uma vez que percebeu que campanhas que falavam sobre o assunto mostravam a consequência de forma macro e não tinham aderência, pois os indivíduos viam como fora de sua realidade, que não era problema deles. E esta ação quis trazer para perto o problema do lixo. Mesmo antiga, é uma ação que continua sendo veiculada nas mídias sociais constantemente.

FIGURA 18. CAMPANHA SURFRIDER

FIGURA 19. GRÁFICO SOBRE IDENTIFICAÇÃO CAMPANHA FIGURA 18

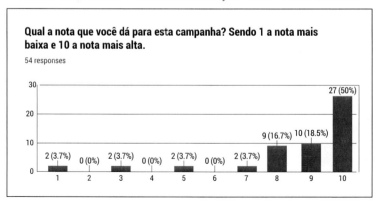

Independentemente da formação dos entrevistados, a maioria dessa pequena amostragem se identificou com a campanha e passou a percepção de que a empresa atingiu bastante o objetivo que queria: o de trazer o problema para o cotidiano. "A relação entre uma imagem cotidiana e uma situação de despertar de consciência é muito marcante e o contraponto torna a campanha muito boa." "Achei perfeita, faz refletir que quem joga plásticos e lixos no mar acaba comendo de volta. Tudo que se faz volta de alguma forma." "Extremamente relevante para a conscientização da população sobre o impacto ambiental que estamos causando. O design da campanha é muito moderno e chama bastante atenção." "Criativo o formato do lixo como comida, a frase é bem impactante também, pois pega no individual de quem lê, traz que a poluição não fica só no mar, mas afeta diretamente você através do que você consome."

Um dos entrevistados que marcou o voto como 1, ou seja, a pior nota, escreveu que "o apelo é visceral, literalmente e, infelizmente, real", o que supõe que houve entendimento da mensagem, mas votou como se não se identificasse com ela. O que traz a questão de percepção social apontada por Gnoato e Spina (2009), em que o indivíduo vê a partir daquilo que ele construiu em sua trajetória de vida e, se fosse abrir para tal discussão, o indivíduo que votou 10 e o que votou 1 poderiam criar uma discussão sobre a nota em si, sem antes perceberem que, talvez, tenham tido a mesma percepção sobre a campanha.

Os que sinalizaram a reposta 3 não tiveram a mesma percepção dos demais, contextualizando que a campanha é "nojenta" ou "parece estragada". Ao serem perguntados sobre como se encaixam na sociedade, ambos responderam que são adequados ao padrão e gostam de fazer parte do grupo. Geralmente, quem se coloca dentro desse encaixe social, aceita com mais facilidade as imposições sociais ou as representações do senso comum e há a tendência em rejeitar um olhar fora dessa caixa imposta. Essa massa, para a comunicação, é a mais complexa para expor ideias que não sejam do cotidiano delas, uma vez que existe um certo protecionismo em relação à zona de conforto ali criada.

SOCIEDADE NA NUVEM

Curiosamente, as pessoas que votaram na nota 5 não gostaram da campanha porque um entrevistado alega que este tipo de campanha é feita para quem entende do problema e não para aqueles que precisam de conscientização e a outra alega que não protege o mar porque come o que vem dele, mas sim porque é necessário preservá-lo pela sua importância ao meio ambiente.

Se pensarmos nessas últimas duas considerações, indivíduos que aparentemente têm mais consciência sobre uma questão, podem ser mais seletivos em relação à comunicação. Com certeza, uma campanha do gênero não foi direcionada a esse público. Seria interessante, porém, ao lançar uma comunicação desse gênero, pensar em uma estratégia que envolvesse anteriormente o público mais consciente para ajudar na divulgação da campanha e não receber no mesmo tempo que todos. Conhecer seu público e nivelar o momento de comunicar para cada um – de acordo com o seu vínculo com a marca e contexto – pode ser relevante no sucesso da campanha.

5.4.2.2. CAMPANHA DA SKOL

A Skol e a Pantone fizeram, em 2019, uma parceria para celebrar o Mês do Orgulho LGBT+ com o Pride Pack – uma edição limitada com seis latinhas da cerveja nas cores da bandeira LGBT+ e design inspirado nas famosas cartelas de cores da Pantone.

FIGURA 20. CAMPANHA SKOL

FIGURA 21. GRÁFICO SOBRE IDENTIFICAÇÃO CAMPANHA FIGURA 20

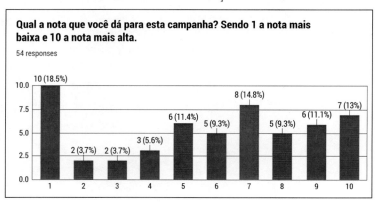

Esta campanha foi bem dividida. O que, para mim, surpreendeu foi o fato de a maioria que se coloca como LGBT não ter gostado da campanha. E os entrevistados que não gostaram de outras campanhas que mostram a representatividade humana se identificaram com esta porque não entenderam o significado, mas gostaram das cores da embalagem.

SOCIEDADE NA NUVEM

Muitos não compreenderam a campanha. E alguns pertencentes à comunidade LGBT não se sentiram confortáveis em aprovar a campanha. "Gosto do design, mas acho delicada a relação de campanhas com o *Pink Money*". "Usar a bandeira LGBT em sinal de respeito é muito bom, mas geralmente marcas fazem isso para conseguir dinheiro desse público." "Campanha muito bem pensada, clean e bonita. Mas como tantas outras grandes empresas que se aproveitam no mês do orgulho LGBT+, fico com a impressão de que foi só mais uma, nada muito inovador. Então, na época em que foi vinculada, nem prestei atenção, porque era só mais uma, sem nenhum compromisso real com a causa LGBT+, só vendas mesmo".

Além disso, a marca, que tem histórico de campanhas machistas, foi alvo de críticas. "Pouca identificação com o target e *over promess* da marca." "Por um lado, patrocinar a parada gay é muito interessante. Por outro, lembrando de campanhas não muito antigas, a marca se mostrou bem machista. A nota reflete uma dualidade na avaliação: como proposta criativa, é ótima. Como construção de marca, Skol ainda terá que provar que mudou sua mentalidade." "A ideia é excelente, mas não apaga as campanhas, anteriores, machistas da marca." "Sempre fico meio com pé atrás quando campanhas abraçam causas LGBT, com a paleta do arco-íris. Apesar de entender a importância de se falar sobre o assunto, eu vejo muito mais como uma estratégia de marketing para lucrar mais, se apropriando da luta que não de fato se movimentando em prol dela, principalmente uma marca como a Skol, que é conhecida pelas campanhas machistas e de objetificação da mulher de anos atrás."

E muitos que responderam como não sendo do universo LGBTQ+ não entenderam a campanha, como um entrevistado que alegou que "o produto não deve ser bom, porque a empresa não investe muito em embalagem".

Podemos perceber como até uma comunicação feita para homenagear um segmento específico pode trazer tantas interpretações. O grupo homenageado pode se sentir desconfortável com uma homenagem, que, pelo histórico da marca, não é legítima para eles. Aqueles indivíduos que não fazem parte, mas se relacionam positivamente com o grupo homenageado, podem achar a campanha interessante, porque, na visão deles, é uma homenagem a uma minoria que precisa de atenção e respeito. E há os indivíduos que não fazem parte do grupo, não se vinculam a ele e, até, rejeitam ou combatem, e podem nem entender a proposta da marca. É essencial haver um entendimento da importância do lugar de fala do público-alvo na hora de criar qualquer tipo de comunicação como essencial para o sucesso de uma campanha. E que a campanha, na verdade, represente ações cotidianas da empresa, validando que a ação comunicacional não foi somente um marketing vazio.

5.4.2.3. CAMPANHA DA DOVE

Campanha da Dove de 2017 foi retirada do ar por ter sido acusada de racista.

FIGURA 22. CAMPANHA DOVE

FIGURA 23. GRÁFICO SOBRE IDENTIFICAÇÃO CAMPANHA FIGURA 22

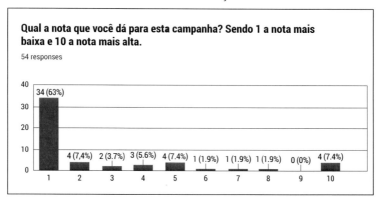

A percepção dessa amostra é interessante. A grande maioria dos entrevistados consentiu com a propaganda como sendo racista e preconceituosa. Dos que responderam a nota máxima 10, gostando da campanha, claramente não perceberam a peça publicitária como os outros entrevistados. Um entrevistado escreveu "Somos todos iguais", como se a campanha fosse uma demonstração de que o sabonete é para todas as etnias. Outro que também marcou nota dez, corroborou com o mesmo pensamento: "É uma propaganda que traz realmente um grande impacto sobre o racismo, e ainda é um assunto muito sério que é o respeito racial, e que independentemente da cor, gênero, somos todos iguais. Muito importante para conscientização". Outro entrevistado que deu nota cinco, escreveu: "tudo depende do ponto de vista! Esta propaganda quis retratar q o sabonete é para todas as etnias... colocando a cor da camiseta próximo a cor da pele de cada modelo! Não vejo nada ofensivo, sendo que somos uma mistura de cores, raça... Cada qual com sua beleza!".

O que podemos tentar refletir aqui, com esta pequena amostragem, é que as representações sociais com o advento das mídias sociais e a facilidade de informação tiveram como consequência a criação de inúmeros pensamentos coletivos que não se conversam, nem se relacionam num primeiro nível. Isso acontece porque os indivíduos construtores de cada núcleo têm uma conceituação diferenciada, um repertório construído de forma diferente. Essa pluralidade de análise sobre uma imagem precisa ser examinada em todos os momentos de uma campanha: da sua criação ao seu lançamento. Entender estas personas e saber como você criará pontes da sua marca para todos esses públicos heterogêneos é o grande desafio.

5.4.2.4. CAMPANHA PROTEIN WORLD

Essa campanha foi uma bastante polêmica também. Após a sua divulgação, em 2015, os usuários se dividiram em dois. Os já consumidores da marca se identificaram com a campanha. A marca recebeu mais de 30 mil novos seguidores, que compactuavam com aquilo que o anúncio representa. E, ao mesmo tempo, recebeu protestos em todo o mundo. A empresa não se desculpou pela campanha, o que culminou em abaixo-assinados e posts contra a marca, e, ao mesmo tempo, o aumento da venda de seus produtos. Ao final, os protestos falaram mais alto, resultando também no pedido do Órgão Regulador em retirar a campanha de veiculação.

FIGURA 24. CAMPANHA PROTEIN WORLD

Qual a nota que você dá para esta campanha? Sendo 1 a nota mais baixa e 10 a nota mais alta.

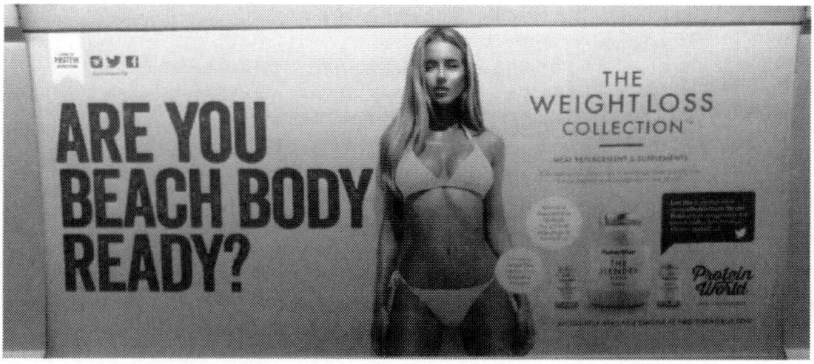

FIGURA 25. GRÁFICO SOBRE IDENTIFICAÇÃO CAMPANHA FIGURA 24

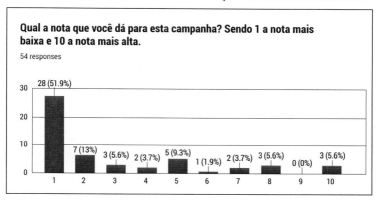

Em quase uníssono, a maioria dos entrevistados escreveram "todo corpo é um corpo de praia". A pequena minoria que aprovou a campanha se intitula fã de "musculação, malhação", que "mulher tem que ser gostosa assim mesmo" e "o que é belo tem que ser mostrado". Nessa pequena porcentagem de apoiadores, todos se declaram heterossexuais, e as mulheres que se identificaram com a propaganda disseram que "queriam ter um corpo assim". Uma das respostas das notas altas confirmou o que aconteceu com a marca de fato. "Desejo de quase todas as mulheres é estarem magras e com o 'corpo de praia'... pode ofender muitas, mas uma boa propaganda e que com certeza irá vender muito o produto".

A questão a se entender aqui é: o quanto dessa venda pode manchar a trajetória da empresa? Sabemos que a amostragem deste estudo não tem representatividade, mas num momento em que a globalização só aumenta, uma comunicação em que apenas 15% se vincula com uma campanha e os outros 85% simplesmente entendem como completamente inadequada, será este o melhor caminho para uma empresa construir uma imagem sustentável futura?

5.4.2.5. CAMPANHA DONNA KARAN

Campanha da Donna Karan fotografada no Haiti e publicada em 2011. A estilista Donna Karan esteve no Haiti após o terremoto de 2010 e lançou a instituição de caridade Hope Help & Rebuild Haiti. Segundo ela, a coleção e a campanha vieram para conscientizar as pessoas sobre a situação do país.

FIGURA 26. CAMPANHA DONNA KARAN

FIGURA 27. GRÁFICO SOBRE IDENTIFICAÇÃO CAMPANHA FIGURA 26

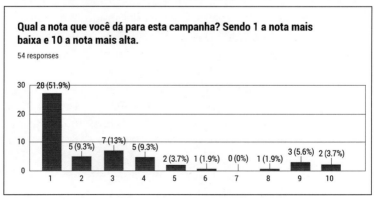

Mais uma vez, a grande maioria da minha pequena amostragem não gostou da campanha sinalizando-a como racista e inadequada porque os haitianos estão em segundo plano e a modelo em primeiro, com mais destaque, produção etc. Mesmo sendo a forma que a empresa escolheu para expor sobre sua ajuda ao país, a forma como ela retratou teve uma repercussão mais negativa que positiva. Já os que votaram com notas altas, se identificando com a campanha, escreveram: "Me identifico pela beleza e estética", "Atinge seu objetivo", "Agradável de ver", "Gostei da foto, da postura dos modelos. Tem atitude".

Em contraponto à maioria, essas respostas demonstram a possibilidade de os personagens secundários não terem nem sido percebidos. Algo que só podemos deduzir ,uma vez que esta pesquisa se limitou a somente à primeira percepção do entrevistado com a campanha.

Outra resposta subentende que talvez o entrevistado não esteja gostando de como o mundo se comporta hoje. "É a mais pura realidade, porém as marcas estão perdendo no criativo, por sempre ter que ser politicamente correto e de acordo com o que a 'sociedade' atual exige". Aqui, há a abertura para talvez supor que as empresas estão sendo punidas por terem que viver num mundo politicamente correto, sem poder mostrar uma realidade, se aproveitar dela sem ser banida. E, para completar a análise, um entrevistado que deu nota 9 respondeu: "Racismo muito forte estampado, um choque de sociedade e de classes, me identifico com a luta da causa e que a cor e condição social nunca sejam motivos de julgamentos e sim por mais oportunidades". Nesse caso, ele viu a campanha como uma luta de causa para os haitianos em trazer mais oportunidades a esse povo. O entrevistado não viu os haitianos colocados em segundo plano, assim como a maioria percebeu, mas sim ao lado da modelo, com o mesmo peso dela.

5.4.2.6. CAMPANHA O BOTICÁRIO

Campanha da empresa de O Boticário sobre o Dia dos Namorados, em 2018, foi alvo de críticas de muitos internautas que julgaram não ser oportuno divulgar diferentes representatividades no amor.

FIGURA 28. CAMPANHA O BOTICÁRIO

FIGURA 29. GRÁFICO SOBRE IDENTIFICAÇÃO CAMPANHA FIGURA 28

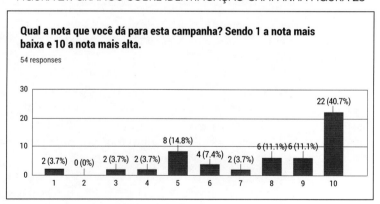

A representatividade de O Boticário, apesar de ter sido alvo de críticas de muitos internautas, na minha amostragem, é bem recebida, o que corrobora com o fato de a minha pesquisa não ser representativa. Há, porém, algumas opiniões que valem a pena ser analisadas. Ao contrário da Skol, o público LGBTQ+ que respondeu a esta pesquisa se sentiu mais representado.

Houve, porém, alegações sobre o *Pink Money*, que é como se intitula o dinheiro da comunidade LGBTQ+ e no qual as empresas podem estar de olho somente por intenção comercial. Um entrevistado escreveu: "Até que ponto a marca compra a luta de fato ou usa aa luta para se beneficiar enquanto a causa é *in*? No entanto, o comercial gerou muito *buzz* e muito *buzz* negativo de pessoas conservadoras e homofóbicas. Só por isso marquei 10. Publicidade é para incomodar mesmo porque o mundo nos incomoda diariamente. Outro contraponto é, apesar da boa ideia, os casais são todos heteronormativos padrão".

5.4.2.7. CAMPANHA BANCO DO BRASIL

Campanha de Banco do Brasil de 2019 sobre nova conta sem tarifa que mostra jovens heterogêneos de diversas orientações sexuais e identidade de gênero e foi censurada pelo atual presidente da República do Brasil.

FIGURA 30. CAMPANHA BANCO DO BRASIL

FIGURA 31. GRÁFICO SOBRE IDENTIFICAÇÃO CAMPANHA FIGURA 30

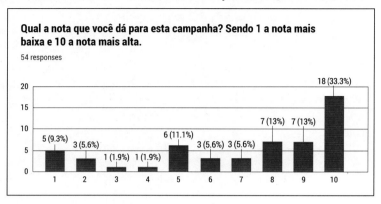

Esta campanha é interessante porque tentou mostrar com amplitude a realidade dos jovens brasileiros. Os entrevistados jovens que responderam à esta pesquisa em minha amostra se identificaram muito. Os que disseram ter filho e se autointitulam esquerda ou centro-esquerda também julgaram a campanha importante. Os que não gostaram alegam não ter entendido a campanha ou achado os personagens muito agressivos.

O que vale a pena expor aqui é que a construção das representações sociais e a globalização possibilitaram mais diversidade e heterogenia divulgada nos meios de comunicação. Essa representatividade nunca existiu fora do padrão loiro, branco, alto, magro e rico. É incontestável a necessidade dessa representatividade e de colocar todas as identidades marginalizadas por tanto tempo sob os holofotes, como personagem central. As marcas que querem falar e mostrar esses públicos específicos nunca dantes retratados em suas ações poderiam usar sua força de interação para construir uma relação positiva entre todos. Parece utópico, mas o momento delicado e muito agressivo que vivemos implica isto. Uma empresa pode ser grande fomentadora da aproximação de grupos sociais distintos, ao invés de separá-los. Criar situações em que possamos promover um vínculo entre eles, primeiramente, pelas suas semelhanças, pode trazer uma diminuição de censura. Criar formas de co-

SOCIEDADE NA NUVEM

municação que os unam, trabalhando o contexto e a adequação do discurso para haver aproximação e não retaliação. Não dá para parar de falar, expor e mostrar, a única questão que coloco como reflexão é o como. A campanha lançada pela marca é excepcional. É triste descobrir que algo tão real e bonito pode causar tanta revolta. Infelizmente, temos que ter consciência desses grupos que não aceitam o novo, a evolução, e tentar usar a comunicação a favor da representatividade de modo que ela não seja açoitada, como sempre foi, em seu cotidiano, em que não há uma política pública estruturada que a defenda.

5.4.2.8. CAMPANHA DOLCE&GABBANA

Campanha da grife de moda publicada em 2007, mas voltou à tona, em 2015, pela mensagem interpretada pelos internautas trazendo duras críticas à marca.

FIGURA 32. CAMPANHA DOLCE&GABBANA

FIGURA 33. GRÁFICO SOBRE IDENTIFICAÇÃO CAMPANHA FIGURA 23

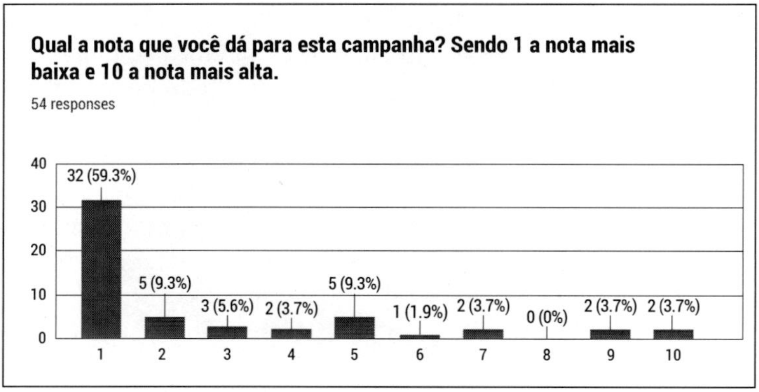
Qual a nota que você dá para esta campanha? Sendo 1 a nota mais baixa e 10 a nota mais alta.
54 responses
40
30
20
10
0
32 (59.3%)
5 (9.3%)
3 (5.6%)
2 (3.7%)
5 (9.3%)
1 (1.9%)
2 (3.7%)
0 (0%)
2 (3.7%)
2 (3.7%)
1
2
3
4
5
6
7
8
9
10

A maioria viu esta campanha como uma apologia ao estupro. Os que votaram positivamente alegam que a campanha "atinge seus objetivos" e que "as campanhas da D&G sempre foram sexuais e sensuais e que elas continuem assim". E tem um voto 10 que parece não ter sinalizado corretamente a pontuação uma vez que escreveu "Meu Deus, estupro?", o que claramente é um sinal de que pesquisas de percepção precisam ser analisadas com muito cuidado, pela margem de erro que acontece na coleta de dados.

Esta campanha, se veiculada nos anos 80 ou até nos 90, de acordo com informações que recebíamos e pela ainda objetificação da mulher, poderia ser aceita e reverenciada. A parte boa de analisar tudo isso é ficar feliz com as nossas evoluções. Receber como resposta de 80% dos entrevistados que essa campanha faz apologia ao estupro é uma conquista marcante, o que me ajuda a provar que o aumento do conhecimento, da informação e do repertório sobre o outro melhora todos como sociedade e como profissionais.

5.4.2.9. CAMPANHA NIVEA

Campanha de desodorante da Nivea publicada em 2017.

SOCIEDADE NA NUVEM

FIGURA 34. CAMPANHA NIVEA

FIGURA 35. GRÁFICO SOBRE IDENTIFICAÇÃO CAMPANHA FIGURA 34

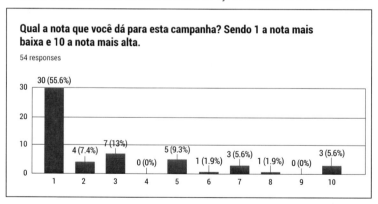

Aqui a campanha não foi aceita pela maioria dos entrevistados porque além de ser considerada racista, muitos alegaram que viram a mulher com uma camisa de força ao invés de um roupão. Os que gostaram não conseguiram ligar a propaganda com uma possível mensagem preconceituosa, vendo apenas o contexto da roupa branca. O que podemos perceber aqui é que há várias nuances interpretativas e as mensagens precisam, antes de ser emitidas, ser analisadas sobre como estão sendo construídas e quais são os níveis de interpretação que ela sofrerá. Dessa forma, consegue-se chegar a um conteúdo mais amplo e com maior oportunidade de ser bem recepcionado. Antes de publicar qualquer coisa, olhe com um ponto de vista externo, analise observando com afastamento. Pergunte para as pessoas fora de seu grupo, fora da hierarquia da sua empresa. Use as redes sociais a favor de sua estratégia. E, *spoiler alert*: Não basta apenas perguntar, tem que estar apto para ouvir, para crescer, para ampliar seus horizontes. Na maioria das vezes, uma informação nova vinda de uma origem que você nunca esperaria pode ser a iluminação necessária para que sua campanha seja um verdadeiro sucesso.

5.5. O QUE PODEMOS APRENDER COM ESSAS CAMPANHAS REALIZADAS?

Este estudo de referência tentou sinalizar como os arcabouços teóricos individuais tendem a ser cruciais nas análises e interpretações de campanhas publicitárias ou quaisquer comunicações entre empresa e público-alvo. E o quanto a segmentação e o posicionamento desatualizados podem destruir e muito a imagem de uma marca.

Na minha coleta, há a possibilidade de notar-se que aqueles que se sinalizam de direita, aproximadamente 69%, têm uma tendência a não ver o racismo ou a misoginia apontada pelos centro-direita, centro-esquerda, esquerda e sem lado definido. Há, porém, nos que se entendem de direita uma reflexão sobre a existência de uma possível submissão na propaganda da Dolce&Gabbana. E alguns indícios, mas não explicitados, sobre possíveis interpretações das campanhas com algo que os desagrada, mas eles não conseguiram identificar o porquê do desagrado.

E 40% dos que se classificam como homem hétero não conseguiram enxergar nenhuma mensagem de apologia ao estupro na campanha da Dolce&Gabbana. No entanto, 100% dos entrevistados que deram 10 à campanha do Boticário têm uma inclinação à esquerda ou centro-esquerda. Dos entrevistados da comunidade LGBTQ+, 80% acham importante a representatividade nas campanhas expostas, mas abominam o que se diz *Pink Money*, ou seja, usar o tema para vender e não fazer parte da essência da marca. Já a campanha da Skol com a Pantone foi totalmente desaprovada, porque a história da marca, segundo os entrevistados, é misógina e machista, então o discurso para eles foi considerado um falso marketing produzido somente para vender mais produto. Já 100% dos entrevistados que se posicionam como héteros que entenderam a campanha – e não se consideram preconceituosos – aprovaram mais a iniciativa que os entrevistados LGBTQ+, dizendo que foi uma homenagem interessante.

Dos que responderam que se sentem "adequados ao padrão social e gostam de fazer parte do grupo", apenas 25% deles identificaram racismo na campanha da Donna Karan. Os outros 75% viram uma foto agradável, modelos com atitude. Dos que se classificaram como "às vezes no padrão, às vezes fora", de direita ou centro-direita, 60% não viram racismo na campanha da Dove. Aliás, muito pelo contrário, viram criatividade, enalteceram a marca que se diz gostar das mulheres e acharam que a campanha era uma iniciativa de conscientização sobre o racismo e a importância do respeito racial.

Por termos hoje as mídias sociais como palco principal de nossa comunicação, o que podemos concluir é a confirmação de que o arcabouço teórico e a experiência individual influenciam diretamente na interpretação de qualquer comunicação recebida e, dessa forma, compreender que a segmentação é mutável e a atualização do posicionamento também. E entender essas limitações é o primeiro passo para se criar uma estratégia de comunicação sem ruído e de sucesso.

6. INOVAÇÃO PARA EVOLUÇÃO CONTÍNUA: HÁ SOLUÇÃO?

Inovação, no Dicionário Michaelis, significa "ação ou efeito de inovar; aquilo que é novo, coisa nova, novidade; Qualquer alteração em situação de fato ou de direito que possa interessar à apreciação judicial da questão; Qualquer elemento ou construção que surge numa língua, e que não havia numa fase mais antiga ou na língua-mãe".

O processo completo da criação de algo novo pode ser, segundo Kotler (1996), separado em oito estágios básicos: a geração de ideias, triagem, desenvolvimento e teste de conceito, estratégia de marketing, análise comercial, desenvolvimento de produto, teste de mercado e comercialização. Como visto na figura abaixo:

FIGURA 36. DIVISÃO DAS FASES DE PROJETO DE PRODUTO EM DUAS GRANDES ETAPAS COM ENFOQUES DISTINTOS

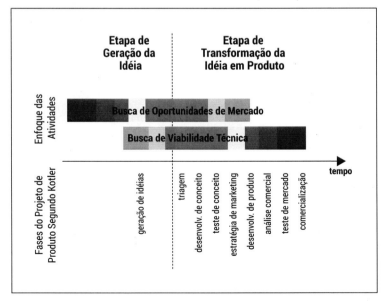

Queiroz (1999) diz que mesmo que siga à perfeição todas as fases, muitas empresas têm falhado na identificação das necessidades reais de seus consumidores (Baxter, 1998). E isso ocorre frequentemente porque até os consumidores não sabem identificar o que realmente desejam. O autor também diz que a intuição dos responsáveis pelos projetos de inovação fez surgir os maiores *cases* de sucesso da história e os piores fracassos. O que Queiroz (1999) diz é que muitos desses novos estudos estão encontrando em ambos os lados "a presença ou não da habilidade empática durante o processo de criação".

Segundo Queiroz (1999), ultimamente empresas têm investido cada vez mais na valorização do homem. Antes, a supervalorização da tecnologia era o foco corporativo. Agora, há uma nova percepção que preconiza os recursos humanos como tão ou mais importantes do que aqueles tecnológicos e materiais. A criatividade, dessa forma, se torna ferramenta importante para criar a inovação.

Linke (2012) cita as cinco etapas do ato criativo (Baxter, 1998). A primeira etapa é a preparação. Nela, há a interação com determinado problema, coletando a maior parte de informações possível. A segunda é a incubação, na qual o problema passa a ser uma questão inconsciente. Nele, o problema será sujeito às associações feitas pela mente humana, sem percepção do indivíduo. A terceira é a iluminação, em que o inconsciente leva ao consciente uma solução elaborada a partir dessas inúmeras associações subconscientes. A quarta é a verificação, onde se analisa se a ideia gerada é realmente adequada. E, finalmente, a execução, quando o indivíduo toma a ação.

Hoje em dia, porém, este processo não é o suficiente. Por essa razão, para inovar é necessário empatia. Leonard e Rayport (1998) identificam os cinco principais passos no design empático, que são: a captura de dados, reflexão e análise, *brainstorming* para soluções e desenvolvimento de protótipos de possíveis soluções.

A observação é quando a empresa ouve seu público-alvo. Na parte de captura de dados, tentará trabalhar com isenção, focada em centrar o consumidor e entender o seu lugar de fala. Na reflexão e análise se partirá para compreender o que a empresa pode ofertar ao seu potencial consumidor pensando no que ele realmente necessita. *Brainstorming* é a parte de coleta de ideias e, então, parte-se para o desenvolvimento de protótipos que serão testados, melhorados, aperfeiçoados e lançado continuamente obedecendo este *loop* de melhoria contínua.

Dentro do que se espera alcançar neste estudo, o design empático é o que mais faz sentido para trazer inovação e aprendizagem para as empresas.

7. PROPOSTA DE *GUIDELINE*

7.1. O *GUIDELINE* DA BUSCA PELA PAZ VIRTUAL (OU A TENTATIVA DE SE COMUNICAR SEM RUÍDOS NAS MÍDIAS SOCIAIS)

A partir de tudo que se foi coletado, o objetivo principal é criar um *guideline* por meio do qual se busca ajudar as empresas a lidar com seus públicos-alvo neste período de constante transformação e competitividade. E por que não também para as pessoas que têm interesse em comunicar melhor nas mídias? Saber quem você é, o que você almeja e com quem você fala pode ajudar – e muito! – a sua relação virtual e também real.

A primeira seção, "Quem é sua empresa?", identificará de forma clara a importância de a empresa saber de sua essência e como trabalhar a inovação e a transformação sem perder sua identidade. A segunda, "O que sua empresa oferece?", mostrará o quanto o produto e serviço ofertados podem mudar conforme o tempo, sem que haja enfraquecimento de marca ou confusão por parte de seu público-alvo. A terceira seção, "Com quem sua empresa fala?", é o entendimento dos perfis existentes na segmentação como comportamento de compra *versus* atitudes dos indivíduos nas mídias sociais (hoje, principal engajador do consumo, seja positivo ou negativamente). E a última, "Como sua empresa fala?", é o esclarecimento de seu posicionamento e constante reposicionamento a partir do design empático, da observação desse posicionamento percebido pelos atuais e potenciais consumidores e da forma como lidar com seus usuários usando a comunicação não violenta em suas interações com o marca nas mídias sociais, a fim de que alcance o processo contínuo de fortalecimento de sua imagem. A ideia aqui é garantir ferramentário informativo para minimizar ao máximo o impacto de possíveis situações que possam causar enfraquecimento devido à ausência de entendimento de como lidar com o seu público.

7.1.1. QUEM É SUA EMPRESA?

A primeira análise mais importante a se fazer é saber quem é você. Ou seja, quem é a sua empresa. Ligia Fascioni, em seu livro *DNA empresarial* (2017), fala sobre algo muito importante: a diferença entre identidade corporativa e marca. Enquanto para muitos estudiosos, como Jonh Balmer (1997) ou Harkins, Coleman e Thomas (1998) citados pela autora, a marca é a evolução da identidade. Para Fascioni (2017), a identidade é o DNA da empresa e tudo que ela possui, suas qualidades e defeitos, já a marca é aquilo que a empresa quer mostrar, o seu melhor.

Essa definição vai ao encontro do que expusemos aqui. Isso porque, com o advento das mídias sociais e da proximidade das marcas com indivíduos, fica difícil conseguir controlar somente a sua parte boa. E quando as empresas tendem a essa visão unilateral de que a marca é o que a representa 100%, há o risco de enfrentar maiores crises, uma vez que não consegue admitir os seus defeitos ou problemas. Dessa forma, qualquer exposição na internet pode virar um problema ainda maior porque, uma vez não reconhecido o defeito, a até empresa admitir que aquela exposição existe em sua identidade, a crise já se alastrou de tal forma que precisará tomar medidas mais extremas. Como foi alguns dos casos das campanhas citadas anteriormente.

E assim como indivíduo, o primeiro passo para melhorar algo em você é saber o seu defeito. Só se tem a melhoria de um gargalo quando você tem consciência dele e, assim, consegue trabalhá-lo. Tal qual é com a empresa. Por essa razão, é imprescindível para os gestores, colaboradores e todos os *players* internos estarem preparados para entender as suas melhores partes e, principalmente, as suas piores. Admitindo as suas possíveis falhas, você consegue trabalhá-las, melhorá-las ou, quando ainda não têm possibilidade de evoluir desta maneira, criar uma forma de lidar com elas e saber comunicá-las para seus públicos. Se caso alguém expuser esse problema, a sua empresa já saberá lidar com tal situação de maneira mais rápida, mais eficiente, sem perder tempo com o ego corporativo.

É importante, inicialmente, conceituarmos o que seria ego. Segundo o dicionário léxico, o significado de ego:n.m.1. Imagem que um indivíduo tem de si próprio; 2. Apreciação ou admiração exagerada que um indivíduo tem por si próprio; 3. Essência da personalidade de alguém; 4. (Psicologia) Designação, segundo Freud, da consciência do indivíduo, responsável pela regulação das suas ações e instintos e da percepção da realidade. (Etm. do latim: *evo*).

Eu chamo ego corporativo, o ego das marcas. Esse ego manipula somente aquilo que quer mostrar, porque ele está em constante tentativa de ser apreciado e se autoapreciar. Por essa razão, as empresas criam marcas "perfeitas" tão fortes que acabam ficando cegas. A mídia social ajuda nesse processo de cegueira porque conta com os *likes*, compartilhamentos e comentários, e esta profusão momentânea de aceitação acaba convencendo que a marca divulgada é a sua essência inata e pura. Com isso, o ego corporativo infla. E, assim como o indivíduo, o ego inflado impossibilita tomar as decisões mais coerentes, as chances de deslizes aumentam e quando acontece a crise, demora-se a identificar o problema, uma vez que esse ego corporativo acredita piamente que não há defeitos.

A definição de inflação egóica que Edward Edinger faz no livro *Ego e Arquétipo*, citada por Tonsa (2012), cabe bem para a visão corporativa:

> A definição apresentada no dicionário para inflação é: cheio de ar, dilatado pela ação do ar, irrealisticamente amplo e importante, além dos limites das próprias medidas; portanto, vaidoso, pomposo, orgulhoso, presunçoso. O termo inflação descreve a atitude e o estado que acompanham a identificação do ego ao Si-mesmo. Trata-se de um estágio no qual algo pequeno (o ego) atribui a si qualidades de algo mais amplo (o Si-mesmo) e, portanto, está além das próprias medidas. (2012)

Segundo Tonsa (2012), o Si-mesmo (ou self) "é o arquétipo que corresponde à totalidade da psique, assim como seu centro organizador. Seria como uma representação psíquica do Todo, e até mesmo do divino. O Si-mesmo abrange tanto a consciência quanto o inconsciente. Quando o ego está em um estado de inflação, é como se ele se identificasse com características próprias da divindade, do todo, e do centro". Ou seja, o ego corporativo inflado pode fazer com que as empresas se sintam verdadeiros deuses ou centro de seu universo.

A Dove, por exemplo, uma marca que tem um posicionamento consolidado sobre a beleza heterogênea, a beleza de todas as mulheres, acreditou tanto em sua marca e imagem construída que tinha total certeza sobre a campanha de seu sabonete líquido, citada anteriormente. E foi alvo, com razão, de críticas pela comunicação preconceituosa e racista. E podemos citar todos os exemplos das campanhas aqui expostas em que perceptivelmente consegue-se ver essa cegueira advinda de seu ego corporativo inflado.

Para tanto, é necessário inicialmente fazer o exercício recomendado de ter consciência da diferença entre identidade e marca. Recomendo um questionário simples para o início desta compreensão que será apresentado no final deste capítulo.

7.1.2. O QUE SUA EMPRESA OFERECE?

Se a empresa tem certeza de que a sua definição vem somente do que ela produz, está na hora de uma reestruturação. Se pegarmos alguns casos dos últimos 20 anos, como a da Kodak, que não quis entrar no mercado de câmeras digitais porque achou que ia perder o mercado das analógicas, o da Blockbuster, que insistiu em não aceitar o *streaming*, o da Xerox, que tinha todas as inovações dentro dela, mas não investiu em nenhuma por haver uma gestão muito obtusa para ousar, o da BlackBerry, que achou que a tecnologia *touch-screen* não passaria de uma febre momentânea, o da Atari, que iniciou o mercado de videogames no mundo, mas, por não investir em inovação, só existe hoje para contar a sua história, já temos casos suficiente para entender que aquilo que sua empresa oferece hoje, se quiser mantê-la viva, com certeza, pode não ser o que oferecerá amanhã.

É vital, a partir dessa perspectiva, ter a consciência e, por que não, o desapego de aceitar que o que você faz não é o que

SOCIEDADE NA NUVEM

você é. A separação da sua identidade, da sua marca e o que você oferece deve não só existir, como estar totalmente desassociada. Ambas devem, obviamente, se relacionar e ter uma homogeneidade, uma relação sustentável, verdadeira e não hipócrita, entretanto fica clara a necessidade de ter seus espaços reservados para não se prejudicar, como as empresas acima se prejudicaram julgando ter em seus produtos a sua essência.

Com o advento da Indústria 4.0 e da transformação digital, é possível, e até mesmo mais fácil, uma empresa entender o seu processo evolutivo. A Indústria 4.0 surgiu de um conceito em 2011, na Alemanha. Esse país queria sair na frente da inovação tecnológica e lançou esse conceito para aprimorar a competitividade da indústria nacional (Azevedo, 2017). E a transformação digital é o conceito metodológico que ajuda a sua empresa a estar focada na constante inovação, usando a tecnologia para aumentar exponencialmente a performance e o alcance das empresas através da mudança, como os negócios são feitos (King, 2013).

Ao compreender essa distinção entre identidade e oferta, acessar as ferramentas hoje disponíveis como a transformação digital, abre-se uma amplitude de oportunidades para o próximo passo: com quem sua empresa fala.

7.1.3. COM QUEM SUA EMPRESA FALA?

O que a sua empresa tem como característica que pode encantar alguém? O que a sua empresa oferece que pode fazer com que alguém adquira tal produto ou serviço?

Essas perguntas são essenciais para entender o público-alvo. E um alerta também que mostra o quanto a empresa pode estar mentindo ou criando histórias inverídicas somente porque quer conquistar uma certa parcela de consumidor. É como se fôssemos ligar pontinhos em uma tarefa infantil. De um lado, a empresa, do outro lado, o público de interesse. Há dois caminhos: o da verdade e o da hipocrisia. O primeiro é quando a empresa tem integridade e consciência de tudo que foi falado acima e consegue construir um caminho, às vezes um pouco mais demorado, mas sólido até o perfil de interesse. E o segundo é quando ela muda o seu discurso, independentemente de sua essência e oferta, ou seja, maquia a sua marca com o simples objetivo de atrair um grupo específico. Se ela tentar manter essa relação, grandes chances de não ser sustentada, porque é um caminho pouco estruturado, frágil e não cria vínculos muito menos fidelização, uma vez que o público conquistado passa a ver, com o tempo, que as mensagens não têm uma consonância com a real identidade da marca ou essência. Como o caso da campanha da Skol e da Pantone com as latinhas coloridas, homenageando a comunidade LGBTQ+, citada anteriormente. O público que a empresa queria conquistar, o LGBTQ+, não aderiu à campanha porque sabe que a empresa tem um histórico de misoginia, entre outras características, e que a campanha foi atribuída ao *Pink Money* (como já dito, a expressão inglesa designa o uso indevido de mensagens de representatividade somente para conquistar um público consumidor, sem ter nenhuma intenção real de mobilização de uma causa).

É incontestável, então, a importância do alinhamento do discurso e não tentar criar algo, porque não dizer bem-intencionado, e totalmente diferente do que a empresa sempre apresentou, se não há uma preparação do seu público para esse tipo de comunicação. Dessa forma, sugere-se o entendimento sobre o público-alvo e as personas que você quer atrair para a sua marca. Neil Patel, em seu blog (2019), diz algo que é importante estabelecer: a diferença entre o seu público-alvo e a persona.

Para o autor, a definição do público-alvo vem de informações e características como idade, sexo, formação educacional, poder aquisitivo, classe social, localização e hábitos de consumo. Assim, consegue-se criar um perfil tangível de quem seriam as pessoas físicas que comprariam o produto ou serviço da empresa.

Já a persona é o intangível. É o que ela aspira, busca, sonha. É a persona o protótipo do seu público-alvo. É ela quem moldará esses perfis tangíveis do público-alvo, que se identificarão nessa persona idealizada. As personas surgem através de um exercício de criação em que a empresa constrói essas figuras a partir do imaginário do que poderia ser suas caracterís-

SOCIEDADE NA NUVEM

ticas pessoais, poder aquisitivo, estilo de vida, interesses, engajamento nas redes, informações profissionais (Patel, 2019).

Uma vez entendido o público-alvo (tangível/real) e as personas (intangível/imagética), a empresa conseguirá traçar os caminhos de comunicação para alcançar esse público. E aqui é um outro alerta. Se o meio estipulado para comunicar com esse público for uma mídia social, a empresa não pode simplesmente estabelecer uma mensagem para quem é de seu interesse, mas deve direcioná-la para todos que podem receber essa mensagem. É por isso a importância de 'como' a sua empresa fala.

7.1.4. COMO SUA EMPRESA FALA?

Abordaremos aqui a forma como as empresas contam a sua história. Qual é a narrativa que vai representar a sua marca, preservar a sua identidade, vincular com seus públicos-alvo e não colidir com públicos adjacentes?

O conceito de *storytelling* consegue permear e responder, com eficácia, a todas essas questões. Desde que seja desenvolvido com premissas estruturadas. Para Massarolo, J. C., & Mesquita, D. (2015):

> Atualmente, o storytelling é compreendido como um novo paradigma da comunicação, não somente porque suas técnicas e procedimentos são importantes para o ato de contar histórias, mas por ser uma ferramenta que permite a construção de universos narrativos densos, povoados por realidades ficcionais complexas. Os processos de convergência cultural e midiática promoveram mudanças no storytelling das ficções televisivas seriadas, criando universos narrativos expandidos dotados de complexidade narrativa. O modelo de storytelling onipresente na sociedade em rede estimula a transmidiação de conteúdos, o compartilhamento de informações e o desenvolvimento de modelos de negócios baseados na cultura participativa. (2015)

O entendimento é escrever uma história em que se tenha certeza de que será participativa. "Anteriormente, segundo a Escola de Frankfurt, com as mídias *um-pra-todos*, a empresa conseguia controlar sua narrativa e a percepção que ela fazia porque os canais de comunicação não eram públicos. E nos canais públicos havia os *gatekeepers* que criavam a sua própria narrativa de interesse. Com o surgimento do digital, a comunicação virou *todos-para-todos*. Ou seja, todo mundo pode criar uma mídia e todo mundo pode participar da construção de uma narrativa.

Percebendo isso, as empresas se aproveitaram deste momento colaborativo e começaram a focar – e focam até hoje – nos *testimonials* e nas interações que os usuários podem ter com a sua marca, criando uma rede interativa e positiva de recomendações. Foi nessa estratégia que nasceram, em meados de 2012, os influencers, uma profissão até então inexistente, e hoje uma das mais reconhecidas e bem pagas do mundo.

O Digital Storytelling ganha, então, força. Alves (2012) descreve o conceito como a utilização da tecnologia digital para interagir com diferentes mídias e elaborar uma narrativa coerente, abrangendo tópicos diversos, clássicos, diferentes formas e gama de softwares.

Com isso, Alves (2012) também salienta um fator importante: a democratização do acesso à internet. Foi essa abertura que influenciou a possibilidade da narração digital. O autor cita Page & Thomas (2011, p. 2), que descrevem a facilidade do acesso com a Web 2.0 em 1990, momento em que os usuários menos conhecedores das ferramentas também se tornaram aptos para lidar com a internet com maior autonomia. Foi quando houve o surgimento e proliferação de sites, blogs e outros meios interativos.

> A Internet se apresenta como um universo de vastas possibilidades, sendo o primeiro meio que engloba todas as mídias – texto, áudio ou vídeo. É não-linear, graças à rede mundial de computadores e ao emaranhado de hiperlinks. É inerentemente participativa – e não apenas interativa, haja vista seu caráter constantemente instigador, encorajando o usuário a comentar, a contribuir da maneira que escolher. Sob esta perspectiva, vislumbra-se a relevância das mídias socais para a produção de conteúdo de muitos para muitos, ou seja, de forma descentralizada e sem o controle editorial de grandes empresas, permitindo a publicação de conteúdos por qualquer pessoa. Por serem sistemas online desenvolvidos para promover a interação entre os mais diversos usuários a partir

SOCIEDADE NA NUVEM

> do compartilhamento de informação, as mídias sociais são consideradas, nas palavras de Fisher (2011), uma forma essencial de comunicação: uma nova maneira de interagir e manter contato com as pessoas, compartilhar e descobrir informações. Há um outro aspecto das mídias sociais que está se tornando cada vez mais presente – seu papel na evolução da narrativa. Para Fisher (2011), ao utilizarmos as mídias sociais, nos tornamos autores e protagonistas de nossa própria história. Logo, sem nos darmos conta, os perfis sociais que criamos no Facebook, por exemplo, são realmente as histórias que criamos sobre nós mesmos, afetando o modo como somos percebidos e, mais importante, como preservamos nossa própria biografia. (Alves, 2012).

Dentro de todo esse contexto, hoje a expressão *você é o que você posta* ganha uma força inigualável. E com tudo que foi já exposto neste capítulo, em um oceano de *bytes* e participação, a empresa precisa, ao mesmo tempo, ter sua essência, sua identidade, sua marca, seus públicos bem estruturados e com o olhar na inovação e na transformação constante. E junta-se a esse desafio a importância de entender que nas mídias sociais, se ela quiser atingir o seu alvo, terá que tocar a todos. Ou, pelo menos, não ofender os outros públicos.

A importância do lugar de fala nesta contação de história é primordial. O conceito se baseia na vertente francesa, quando autores como Bourdieu e Foucault discorrem sobre as relações de poder presentes nos diferentes tipos de discurso de acordo com seus enunciadores, e a posição ocupada quando esse discurso é enunciado, buscando se aproximar pela vertente sociológica da filósofa Ribeiro (2016). O lugar de fala dá ênfase ao lugar social ocupado pelos sujeitos numa matriz de dominação e opressão. As relações de poder ou condições sociais autorizam ou negam o acesso de determinados grupos a lugares de cidadania. É o reconhecimento e a regência do caráter coletivo às oportunidades aos constrangimentos de determinados indivíduos de um grupo social que sublimam o aspecto individualizado das experiências. (Ribeiro, 2016).

Posto isso, é extremamente importante, com a democratização e a heterogenia cada vez mais fortalecida, que a empresa tenha o entendimento sobre se a sua mensagem não ofenderá ou causará algum desconforto em certo grupo social. Como aconteceu com o caso da Campanha da Protein World, citada anteriormente, em que ela construiu uma mensagem completamente focada para o seu público, só que divulgou em canais em que todos tinham acesso. A Campanha, segundo o CEO da empresa, foi de grande sucesso e ele brigou com todos que tentaram boicotar a marca dizendo que manteria a propaganda porque falava com seu público, não interessando o que os outros pensavam. Só que as críticas ao que a campanha representava foram tão grandes, chegando a territórios internacionais, que um órgão regulador pediu para a retirarem do ar.

Esse é um exemplo perfeito de que, se a empresa for falar com o seu público de um ambiente aberto, ela precisa entender todos aqueles que podem contribuir com a sua comunicação, criando um *storytelling* participativo e positivo ou um negativo que desmonte a reputação da empresa. Achar o caminho da paz envolve escutar muito os públicos de interesse e, principalmente, os públicos de não interesse. A partir da escuta, consegue-se construir um caminho em que não haja percalços tão abismais.

Um gráfico de fácil entendimento para construir este *guideline* seria:

FIGURA 37. RESUMO DA PROPOSTA DE GUIDELINE DESENVOLVIDA PELA AUTORA

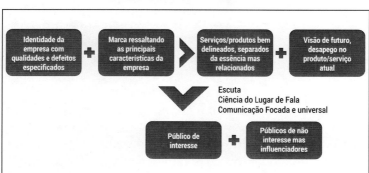

7.1.5. QUESTIONÁRIO PARA SER APLICADO

Pensando neste *guideline*, foi criado um questionário muito simples para ser aplicado pelo máximo de pessoas que participam da empresa. Esse questionário já foi testado em mais de 20 empresas em minha experiência profissional. E, em sua aplicação, pode-se perceber que quanto mais *stakeholders* responderem, mais os gestores terão uma visão próxima à real identidade da empresa. E a partir desse entendimento, consegue-se construir marca, serviços, públicos de forma separada, porém, relacionada, e entender perspectivas de futuro de quem diariamente ajuda a construir a empresa.

É um questionário simples, mas ao juntá-lo à teoria aqui exposta, consegue-se traçar o caminho com a utilização de todo o ferramentário teórico possível descrito neste livro para a construção coerente da imagem corporativa e suas ramificações necessárias. A proposta foi ajudar as pequenas e médias empresas, que, ao empreenderem no Brasil, muitas vezes não tiveram tempo de pensar em todas estas questões, mas que o momento urge para que todas as instituições tenham essas respostas prontas e bem trabalhadas.

QUADROS 38, 39, 40, 41, 42, 43, 44 E 45. REFERENTES
AO QUESTIONÁRIO CRIADO PELA AUTORA DESTINADO
ÀS EMPRESAS E SEUS STAKEHOLDERS

SUA EMPRESA	Questionário para entendimento conceitual de identidade, marca, público e comunicação
Q&A	
ENTREVISTADOS	COLOCAR SEU NOME AQUI
	UM POUCO SOBRE VOCÊ
QUESTÕES	(idade, estado civil, nome esposa/mulher/namorada, quanto tempo junto, filho, sim, não, planos?)
História	Conte um pouco da sua história profissional com toques pessoais até chegar neste momento em que se encontra.
Qual é o seu maior medo?	Descreva um medo pessoal e um profissional.
Qual é a sua maior esperança?	descreva uma esperança pessoal e uma profissional.

	UM POUCO SOBRE A SUA EMPRESA
EMPRESA EM QUE VOCÊ TRABALHA	Conte o que a empresa faz no seu ponte de vista.
Organograma	A empresa tem organograma? Onde você se encaixa no organograma atual e onde se encaixaria a sua proposta.
Diferenciais	Quais os diferenciais da empresa.

	EMPRESA E COMUNICAÇÃO
Se fosse uma pessoa	Se a sua empresa fosse uma pessoa, como ele seria? Descreva-a fisicamente, gênero, cor dos cabelos, olhos, corpo, comportamento.
Personalidade	Descreva a personalidade desta pessoa.
Principais caractéristicas	Quais são as suas principais características.
Principais defeitos	E os principais defeitos? Tente descrever o máximo que puder.
O que você considera importante no caráter de uma pessoa ao conhecê-la?	
E numa empresa?	
Como você gosta de se comunicar com as pessoas?	Qual o meio que você prefere se comunicar?
E com as empresas?	Descreva as formas que você gosta de se comunicar com as empresas que você se relaciona no cotidiano.
O que você mais repele numa comunicação empresarial? O que você nao admite?	Descreva as formas que você não gosta como as empresas que você se relaciona no cotidiano se comunicam com você. O porquê de não gostar e o quando numa nota de 1 a 5 esta comunicação afeta no seu relacion amento com esta empresa. Considerando 1 afeta pouco e 5 afeta muito.

	QUEM COMPETE COM VOCÊ?
Quem você enxerga como concorrente e porque?	Especifique quem você acredita ser concorrente.

	QUEM VOCÊ ADMIRA?
Qual(is) marca(s) você admira, porque?	
Qual(is) empresa(s) você admira, porque?	
Qual(is) pessoa(s) você admira, porque?	
O que na história nacional e internacional você se interessa? O que acha relevante? Até três fatos.	
Conte-me algo da sua história que você acha relevante na sua construção enquanto ser humano, enquanto profissional e empreendedor.	

SOCIEDADE NA NUVEM

	ONDE VOCÊ QUER ESTAR?
Onde gostaria (empresa e pessoal) de estar em:	Aqui, faça um exercício de se imaginar nestes períodos, mas também tentar imaginar como será o mundo e como você vê a sua empresa encaixado nele.
5 anos	
10 anos	
15 anos	

	O QUE VOCÊ OFERECE
Serviços/Produtos	Quais os serviços prestados pela sua empresa? Como estão divididos?
Serviços/Produtos Futuros	Qual produto ou serviço você conseguiria ver sua empresa produzir, prestar se você visse a sua empresa em 5, 10, 15 anos? Pode ser algo totalmente diferente do que existe hoje.

	QUEM É SEU PÚBLICO
Clientes - tipo de clientes hoje	Que tipo de clientes a sua empresa te (segmento, como são, como se comportam, que cargos ocupam). Quem procura a sua empresa hoje? E quais potenciais clientes que você acredita que sua empresa deveria ter?
Como você fala com seus clientes hoje?	
Como você ouve seus clientes hoje?	
Clientes futuros	Tentando olhar para o futuro, tente descrever os tipos de clientes que a sua empresa teria em 5, 10 e 15 anos.

Disponível de forma completa em https://docs.google.com/spreadsheets/d/1bQh6Bbl5CqZpLravJhU-bQYpWzwCv2OecHJxII37R_s/edit?usp=sharing.

Trabalhar comunicação em tempos digitais é um desafio constante. São necessários contínua atualização e pensamentos fora da caixa para se criar soluções eficientes. O processo de entendimento da rede e tudo que ela proporciona – positiva ou negativamente – são ainda questões seminais e há a tendência da evolução na relação indivíduo-empresa-rede com o passar do tempo. O importante durante esta trajetória é entender que a empresa não tem uma fala direta, unilateral para alguém específico e que não há muitos esconderijos hoje para guardar aquilo que não se quer mostrar. É pungente a necessidade de transparência estratégica e da construção de um caminho comunicacional interativo e verdadeiro. A empatia em relação ao outro – especialmente os de não interesse – é chave para o sucesso de qualquer marca. Entender as necessidades alheias, colocar-se na mesma página do outro e vice-versa, bem como criar vínculos em que se proporcionem um lastro comunicacional estruturado é a estrada de tijolos amarelos que toda empresa sempre desejou. Para comunicar sem ofender basta querer. O caminho é de construção e não de separação.

8. AGRADECIMENTOS

Antes de mais nada, agradeço à Editora Letramento, que viu na minha dissertação a possibilidade de livro. À Laura Brand, que teve muita paciência com todas as minhas 354 mil perguntas. À Cynthia Almeida Rosa, que me mandou o edital de publicação para eu participar, em que tive a sorte de ser contemplada. Ao Gustavo Nascimento, meu pupilo, que me ajudou em cada centímetro deste livro com suas pontuações e melhorias e foi quem me motivou a escrevê-lo. A todos os teóricos, estudiosos e filósofos, que estudam de verdade e criam teorias que nos ajudam a sair de nossas cavernas, que nos impulsionam e nos amplificam. À Lilian Aquino, que revisou todo este livro e o transformou em algo possível de se ler. À minha família que tanto amo e não vivo sem. Principalmente, à Mayu-Pandeco e à Dushka-Prettucia, que sempre me norteiam, me ajudam e fizeram esta capa linda-linda. E à tia Mima, em especial, que, no último momento, me salvou de cometer um grande erro nesta publicação. Ao Gustavo Andrade, que me viu escrever o livro e todas as dores e os amores que a escrita e a criação trazem. À Ana Maria, grande amiga, que me ajudou na pesquisa e me apoiou sempre em todos os meus momentos, inclusive no desespero de querer desistir. Ao Otto Santo, meu grande Ternurinha, que sempre me entende e está sempre disposto a me ouvir reclamar, sem julgamentos. À Léia, que veio até a minha casa tomar café todas as vezes porque sabia que não conseguiria sair de casa para vê-la e que me ajudou a formatar o curso para as comunidades, bem como a doação de exemplares deste livro. Ao Marcus Steinmeyer, grande querido, fotógrafo de primeira que fez minha foto com tanto carinho. A todos os meus amigos que eu amo e não cabem todos aqui. Ao Fernando Gelman, à Dany Roizman, ao Cadu Lerner e toda equipe da Brainvest. É incrível o quanto aprendi e aprendo diariamente com vocês. Sou muito grata por ter vocês em minha trajetória. Ao Sr. Jaime

Schreier, por ser tão querido comigo. E ao Arthur Hutzler e à incrível equipe da Humana Magna, principalmente às minhas meninas – Emelly, Gleice, Dani, Grazi, Jacque, Juliana, Cris. Vocês me fazem ser uma profissional melhor todos os dias. Ao meu Siddharta, que me deixou há pouco tempo, mas continua aqui me protegendo. E ao Panda e Minigato, meus filhinhos felinos que me dão o amor incondicional que eu tanto preciso. A todos o meu mais sincero OBRIGADA.

9. REFERÊNCIAS BIBLIOGRÁFICAS

A influência das redes sociais na comunicação humana. (2018, 27 agosto). Retrieved from Cesar: https://www.cesar.org.br/index.php/2018/08/27/a--influencia-das-redes-sociais-na-comunicacao-humana/. Acesso em 1º de novembro 2019.

Almeida, Geraldo. (2005). *Diálogos com a teoria da Representação Social.* Org. por Santos, Maria e Almeida, Leda. 2005.

Alvarenga, Darlan. (2016) 'Dos 9 que filmamos, 3 entenderam', diz Reclame Aqui sobre 'pegadinha'. [Artigo]. Retrieved from G1 – Globo: http://g1.globo.com/economia/midia-e-marketing/noticia/2016/05/dos--9-que-filmamos-3-entenderam-diz-reclame-aqui-sobre-pegadinha.html. Acesso em 6 de agosto 2019.

Alves, R. H. (2012). Storytelling e Mídias Digitais: uma análise da contação de histórias na era digital/Storytelling and Digital Media: an analysis of the storytelling in the digital age. *Revista Hipertexto* (descontinuada), 2(1), 13-36.

Azevedo, Marcelo Teixeira de. (2017). *Transformação digital na indústria: indústria 4.0 e a rede de água inteligente no Brasil.* São Paulo: Catálogo USP.

Barger, C. (2010). *O estrategista em Mídias Sociais.* São Paulo (SP): Ed. DVS.

Barros, Ilda Lima Barros; e Jalali, Vahideh R. Rabbani. (2015). Comunicação não-violenta como perspectiva para a paz. [Artigo]. Retrieved from https://periodicos.set.edu.br/index.php/ideiaseinovacao/article/viewFile/2729/1481. P. 67-76. Acesso em 16 de agosto de 2019.

Berger, J. (2016). *Contagious: Why Things Catch On.* New York (EUA): Ed. Simon & Schuster.

Berger, P. & Luckmann, T. (1966). *The Social Construction of Reality.* Ed. Garden City: Double-day.

Borges, Amon e Cunha, Joana. (2015). Cerveja promove mulher de caça a caçadora em propaganda. [Jornal] Retrieved from *Folha de S. Paulo:* https://www1.folha.uol.com.br/mercado/2015/10/1689798-marcas-de--cerveja-acordam-para-publico-feminino-e-mudam-comerciais.shtml. Acesso em 6 de agosto 2019.

Bourdieu, Pierre. (1997). *Os usos sociais da ciência: por uma sociologia clínica do campo científico.* São Paulo: Ed. Unesp.

Bowles, Nellie. (2019). Human Contact Is Now a Luxury Good. [Artigo]. Retrieved from *The New York Times* https://www.nytimes.com/2019/03/23/sunday-review/human-contact-luxury-screens.html?smid=nytcore-ios-share. Acesso em: 12 de agosto 2019.

Calazans, F. (2006). *Propaganda subliminar multimídia*. São Paulo: Ed. Summus Editorial.

Castells, Manuel. (1999). *A Sociedade em Rede*. Volume 1. São Paulo: Ed. Paz e Terra.

Ciribeli, João Paulo; Paiva, Victor Hugo. (2011). *Redes e mídias sociais na internet: realidades e perspectivas de um mundo conectado*. Belo Horizonte: Ed. Mediação.

Coutinho, Marcelo (10/05/2009A). A Web 2.0 vai às compras. [Artigo] Retrieved from http://criancaeconsumo.org.br/wp-content/uploads/2017/02/134183373-A-Web-2-0-vai-as-compras.pdf. Acesso em 15 de agosto 2019.

De Fleur, M. (1970). *Theories of Mass Communication*. New York, 2.ª ed.

Denck, Diego. (2018). Mais 10 campanhas publicitárias que acertaram em cheio o objetivo. [Artigo]. Retrieved from *Mega Curioso*: https://www.megacurioso.com.br/estilo-de-vida/108170-mais-10-campanhas-publicitarias-que-acertaram-em-cheio-o-objetivo.htm. Acesso em 6 de agosto 2019.

Denck, Diego. (2018). Mais 18 Peças Publicitárias Que São Geniais Na Arte De Passar Sua Mensagem. [Artigo]. Retrieved from *Mega Curioso*.: https://www.megacurioso.com.br/artes-cultura/107838-mais-18-pecas-publicitarias-que-sao-geniais-na-arte-de-passar-sua-mensagem.htm. Acesso em 6 de agosto 2019.

Di Mingo, E. (1998). The fine art of positioning. [Jornal]. Retrieved from *The Journal of Business Strategy,* Boston, v. 9, n. 2, p. 34-38.

Durkheim, Emile. (1975) *Representações Individuais e Representações Coletivas.Filosofia e Sociologia*. Rio de Janeiro: Ed. Forense Universitária.

Eckels, R. W. (1990). *Business marketing management: marketing of business, products and services*. New Jersey: Prentice-Hall.

Embalagem Marca. (2019). Skol e Pantone lançam edição colorida de latinhas de cerveja. [Website], Retrieved from: https://www.embalagemmarca.com.br/2019/06/skol-e-pantone-lancam-edicao-colorida-de-latinhas-de-cerveja/. Acesso em 6 de agosto 2019.

Engel, J. F.; Blackwell, R. D., & Miniard, P. W. (1995). *Comportamento do consumidor*. Rio de Janeiro: LTC.

Fascioni, Lígia. (2017). *DNA empresarial – identidade corporativa como referência estratégica*. São Paulo: Ed. Integrare.

Ferraz, Rany. (2013). Publicidade Fail da Fisk. [Artigo] Retrieved from *Digaí*.: https://www.digai.com.br/2013/07/publicidade-fail-da-fisk/. Acesso em 6 de agosto 2019.

Fishwick, Carmen. (2015). The science behind the dress colour illusion. [Artigo] Retrieved from *The Guardian*: https://www.theguardian.com/technology/blog/2015/feb/27/science-thedress-colour-illusion-the-dres-s-blue-black-gold-white. Acesso em 1 de agosto 2019.

Foucault, Michel. (1972). *A arqueologia do saber*. Petrópolis: Ed. Vozes.

França, Maira Nani; Souza, Kelma Patrícia; e Portela, Patrícia de Oliveira. (2017). Quanto vale a informação? Calculando o valor econômico dos serviços de uma biblioteca. [Artigo] Retrieved from https://periodicos.sbu.unicamp. br/ojs/index.php/rdbci/article/view/8647803/pdf. Acesso em 17 de agosto de 2019.

Frankenthal, Rafaela. (2015). The science behind the dress colour illusion. [Artigo] Retrieved from *The Guardian*: Campanhas publicitárias polêmicas podem causar uma baita dor de cabeça https://mindminers.com/blog/campanhas-publicitarias-polemicas/. Acesso em 1 de agosto 2019.

Gnoato, G, Spina, C, Pelacani Spina, M. (2009). *Psicologia nas Organizações*.Porto Alegre (RS): Ed. Iesde Brasil.

Gwin, C. F.; Gwin, C. R. (2003). Product attributes model: a tool for evaluating brand positioning. [Jornal]. *Journal of Marketing Theory and Practice*, Armonk, v. 11, n. 2, p. 30-42.

Harlow, S. (2011). Social Media and Social Movements: Facebook and an Online Guatemalan Justice Movement That Moved Offline. [Artigo] New Media & Society, v. 14, n. 2, p. 1-19, 2011. Retrieved from http://citeseerx.ist.psu.edu/viewdoc/download?doi=10.1.1.464.8616&rep=rep1&type=pdf. Acesso em 2 de agosto de 2019

Hooley, G. J.; Saunders, J. (1996). *Posicionamento competitivo: como estabelecer e manter uma estratégia de marketing no mercado*. São Paulo: Ed. Makron Books.

Hyder, S. (2016). *The Zen of Social Media Marketing: An Easier Way to Build Credibility, Generate Buzz, and Increase Revenue*. Dallas (EUA): Ed. BenBella Books.

Jodelet, D. (1985). La representación social: Fenómenos, concepto y teoría. In: *Psicologia Social* (S. Moscovici, org.), pp. 469-494, Barcelona: Ed. Países.

Jodelet, Denise. (2019) Representações sociais: um domínio em expansão. [Website]. Retrieved from: https://www.researchgate.net/profile/Denise_Jodelet3/publication/324979211_Representacoes_sociais_Um_dominio_em_expansao/links/5c4897c3a6fdccd6b5c2eab1/Representacoes-sociais-Um-dominio-em-expansao.pdf . Acesso em 4 de agosto de 2019.

Jung, C.G. (2002). Os Arquétipos e o inconsciente coletivo. Petrópolis: Ed. Vozes

Kawasaki, G & Gouveia, C. (2017). *A Arte das Redes Sociais*. Rio de Janeiro (RJ): Ed Best Business.

King, Howard. (2013). What is digital transformation? [Artigo] Retrieved from: https://www.theguardian.com/media-network/media-network-blog/2013/nov/21/digital-transformation > Acesso em 10 de novembro de 2019.

Latour, Bruno. (1994). *Jamais fomos modernos*. São Paulo: Ed. 34.

Latour, Bruno. (2006). *Changer la société-refaire de la sociologie*. Paris: La Découverte.

Latour, Bruno. (2011). Networks, Societies, Spheres – Reflections of an Actor-Network Theorist – Keynote Lecture, Annenberg School of Design, Seminar on Network Theories, February 2010, published in the *International Journal of Communication* special issue edited by Manuel Castells Vol 5, p. 796-810.

Latour, Bruno; Akrich, Madeleine; e Callon, Michel. (2006). *Textes fondateurs*. Paris: Presse des Mines.

Lavareda, A. (2016). *Neuropropaganda de A a Z*. Rio de Janeiro (RJ): Ed. Record.

Lazarsfeld, P. e Merton, R. (1948). *Mass Communication, Popular Taste and Organized Social Action. The Communication of Ideas*. New York: Harper.

Lemos, André. (2013) *A comunicação das coisas: teoria ator-rede e cibercultura*. São Paulo: Ed. Annablume.

Leonard, D.; e Rayport, J.F. (1997). "Spark Innovation Through Empathic Design", *Harvard Business Review*, Nov-Dec 1997.

Levy, P. (2010). *Cibercultura*. São Paulo: Ed. 34.

Lindon D.; Lendrevie J.; Lévy J.; Dionísio P.; e Rodrigues J. (2009). *Mercator XXI, Teoria e prática do Marketing*. Lisboa: 12.ª edição.

Linke, P. (2012). O Processo Criativo e suas Interdependências. *Revista Cesumar–Ciências Humanas e Sociais Aplicadas*, 17(2).

Lopes, E. L., Marin, E. R., & Pizzinatto, N. K. (2008). Segmentação psicográfica de consumidores de produtos de marca própria: Uma aplicação da escala VALS no varejo paulistano (Psychographic segmentation of own brand products: An application of the VALS scale to retailers in São Paulo). XI Semead-Seminários em Administração FEA/USP.

Maldonado, Alberto. (2004). Percursos teórico-metodológicos de Eliseo Verón, [Artigo]. Retrieved from: http://portcom.intercom.org.br/revistas/index.php/revistaintercom/article/download/465/435. Acesso em 4 de agosto de 2019.

SOCIEDADE NA NUVEM

Martinez, M. G.; Aragonés, Z.; Poole, N. (2002). A repositioning strategy for olive oil in the UK market. [Artigo]. Retrieved from *Agribusiness*, Hoboken, v. 18, n. 2, p. 163-180.

Maslow, Abraham H. (2017). *A Theory of Human Motivation*. Hawthorne: BN Publishing.

Massarolo, J. C., & Mesquita, D. (2015). Estratégias contemporâneas do storytelling para múltiplas telas. *Revista Latinoamericana de Ciencias de La Comunicación*, 11(21).

Mastrocola, Vicente Martin. (2018). *Comunicação, consumo e wearable technologies: um exercício de aplicação da teoria ator-rede no contexto de possíveis reconfigurações humano-tecnológicas*. Caxias do Sul: Conexão – Comunicação e Cultura.

McQuail, D. e Gurevitch, M. (1974). *Explaining Audience Behavior: Three Approaches Considered in Blumler J.-Katz E.* P. 287-301. Londres: Longman.

Merton, R. (1949a). Patterns of Influence. A Study of Interpersonal Influence and of Communications Behavior in a Local Community. In: Lazarsfeld P. -Stanton F. *Communications Research* 1948-1949. New York: Arno Press.

Michaelis, *Dicionário Brasileiro de Língua Portuguesa*. (2019).Retrived from https://www.michaelis.ucl.com.br. Brasil.

Moraes, Daniel de. (2018). De clientes a haters: como lidar com diferentes usuários nas redes sociais. [Artigo] Retrieved from https://rockcontent.com/blog/como-lidar-com-usuarios-nas-redes-sociais/. Acesso em 21 de setembro de 2019.

Moraes, Jessica. (2018). Moda fail: campanhas e produtos que não pegaram bem. [Artigo] Retrieved from *Vila Mulher*: https://vilamulher.com. br/moda/estilo-e-tendencias/moda-fail-campanhas-e-produtos-que-nao- -pegaram-bem-m0315-700359.html. Acesso em 6 de agosto 2019.

Morigi, Valdir José. (2004). Teoria social e comunicação: representações sociais, produção de sentidos e construção dos imaginários midiáticos. 2004. [Artigo] Retrieved from revista eletrônica e-compós http://www. compos.org.br/e-compos. Acesso em 13 de agosto de 2019.

Moscovici, Serge e Marková, Ivana. (2003). La presentación de las representaciones sociales: diálogo con Serge Moscovici. In: Castorina, José Antonio. *Representaciones sociales. Problemas teóricos y conocimientos infantiles*. Barcelona: Ed. Gedisa, p. 9-27.

Nascimento, Rafael. (2019). Após tragédia em Brumadinho, marca cria campanha com modelos cobertos de lama e gera polêmica nas redes sociais. [Website] Retrieved from *Extra* https://extra.globo.com/noticias/brasil/apos-tragedia-em-

-brumadinho-marca-cria-campanha-com-modelos-cobertos-de-lama-gera-po-lemica-nas-redes-sociais-23408712.html. Acesso em 6 de agosto 2019.

Oleto, Ronaldo Ronan. (2006). Percepção da qualidade da informação. Retrieved from http://www.scielo.br/pdf/ci/v35n1/v35n1a07. Acesso em 9 de agosto de 2019.

Oliveira, B.; e Campomar, M. C. (2007). Revisitando o posicionamento em marketing. REGE *Revista de Gestão*, 14(1), 41-52.

Oliveira, Bruno. (2018). Como eram feitas as análises da Cambridge Analytica. [Artigo] Retrieved from https://medium.com/@bruno_live/tic-02-como-eram-feitas-as-an%C3%A1lises-do-cambridge-analytica--42235dea12d5. Acesso em 10 de julho 2019.

Oliveira, Pérsio Santos de. (1998). *Introdução à sociologia*. São Paulo: Ed. Ática

Orlandi, Eni Puccinelli. (2009). *Análise de discurso: princípios & procedimentos*. Campinas: Ed. Pontes.

Patel, Neil. Público-Alvo: O que é e como definir em 6 passos (2019). [Website] Retrieved from https://neilpatel.com/br/blog/publico-alvo/. Acesso em 18 de novembro de 2019.

Pelizzoli, Marcelo. (2018) Introdução à Comunicação Não Violenta (CNV) – reflexões sobre fundamentos [Artigo] Retrieved from: http://cursos.unipampa.edu.br/cursos/sbecnv/files/2018/10/pos-int--cnv-ii.pdf. Acesso em 14 de agosto de 2019.

Pereira Junior, Alfredo Eurico Vizeu. (2003). *Decidindo o que é notícia: os bastidores do telejornalismo*. Porto Alegre: EDIPUCRS.

Pontes, Iran. (2014). Campanha do Dia Internacional da Mulher FAIL e o duplo sentido em campanhas. [Website] Retrieved from *Design Culture*: https://designculture.com.br/campanha-do-dia-internacional-da-mulher-fail-e-o-duplo-sentido-em-campanhas. Acesso em 6 de agosto 2019.

Porfírio, Francisco. "Senso comum"; Brasil Escola. Disponível em: https://brasilescola.uol.com.br/filosofia/senso-comum.htm. Acesso em 07 de agosto de 2020.

Portal da Educação. Segmentação De Mercado: 4 Tipos Principais E Como Começar. (2018). [Website]. Retrieved from https://www.portaleducacao.com.br/conteudo/artigos/administracao/tipos-de-segmentacao--de-mercado/31066. Acesso em 11 de Setembro de 2019.

Primo, Alex. (2012). *O que há de social nas mídias sociais? Reflexões a partir da teoria ator-rede*. Florianópolis: Ed. Contemporanea.

SOCIEDADE NA NUVEM

Psicologia Auto-Estima e Beleza (2012). Ego Inflado (o Si-Mesmo). (2012). Retrieved from http://psicologiaautoestimaebeleza.blogspot.com/2012/04/ego-inflado-o-si-mesmo.html. Acesso em 12 de novembro de 2019.

Queiroz, A. H. D. (1999). *Empatia e Inovação: Uma proposta de metodologia para concepção de novos produtos*. [Dissertação]. Retrieved from https://repositorio.ufsc.br/xmlui/bitstream/handle/123456789/80644/139062.pdf?sequence=1&isAllowed=y. Acesso em 20 de novembro de 2019.

Rainie, Lee e Wellman, Barry. (2012) *Networked: the new social operating system*. Massachusetts: MIT Press.

Ribeiro, Djamila. (2017). *O que é lugar de fala?*. Belo Horizonte: Ed. Letramento.

Ries, A.; Trout, J. (1997). *Posicionamento: a batalha pela sua mente*. São Paulo: Ed. Pioneira.

Ries, A & Trout, J. (2009). *Posicionamento. A Batalha por Sua Mente*. São Paulo: Ed. Mbooks.

Ritson, Mark. (2015) Five reasons why the Protein World furore is great marketing. [Website]. Retrieved from: https://www.marketingweek.com/five-reasons-why-the-protein-world-furore-is-great-marketing/. Acesso em 11 de agosto 2019.

Rivkin, S. (1996). *O novo posicionamento: a última palavra sobre estratégia de negócios no mundo*. São Paulo: Ed. Makron Books.

Rocha, A.; Christensen, C. (1999). *Marketing: teoria e prática no Brasil*. São Paulo: Ed. Atlas.

Rosenberg, Marshall B. (2006) *Comunicação não-violenta. Técnicas para aprimorar relacionamentos pessoais e profissionais*. São Paulo: Ed. Summus.

Segmentação De Mercado: 4 Tipos Principais E Como Começar. (2019). [Website]. Retrieved from https://crm7.com.br/blog/marketing/segmentacao-de-mercado-4-tipos-principais-e-como-comecar/. Acesso em 10 de setembro de 2019.

Setton, M. (2010). *Mídia e Educação*. São Paulo: Ed. Contexto.

Shoemaker, Pamela J. & Vos Tim P. (2011). *Teoria do gatekeeping: construção e seleção da notícia*. Porto Alegre: Penso.

Spink, Mary. (2009). O conceito de representação social na abordagem psicossocial. [Artigo] Retrieved from https://www.scielosp. org/scielo.php?pid=S0102-311X1993000300017&script=sci_arttext&tlng=es. Acesso em 5 de agosto de 2019.

Steel, J. (1998). *Truth, Lies, and Advertising: The Art of Account Planning*. New Jersey (EUA): Ed. Wiley.

Telles, A. (2011). *A revolução das mídias sociais*. São Paulo (SP): Ed. Mbooks

Terra, Carolina. (2011). Usuário-mídia: a relação entre a comunicação organizacional e o conteúdo gerado pelo internauta nas mídias sociais. [Artigo]. Retrieved from http://www.teses.usp. br/teses/disponiveis/27/27154/tde-02062011-151144/pt-br.php. Acesso em 15 de agosto de 2019.

Vaynerchuk, G. (2014). *Jab, jab, jab, right hook: how to tell your story in a noisy, social world*. New York: HarperCollins Publishers.

Veiga-Neto, Alípio Ramos. (2007). Um estudo comparativo de formas de segmentação de mercado: uma comparação entre VALS-2 e segmentação por variáveis demográficas com estudantes universitários. *Revista de Administração Contemporânea*, 11(1), p. 139-161. Retrieved from https://dx.doi.org/10.1590/S1415-65552007000100008. Acesso em 11 de Setembro de 2019.

Verón, Eliseo. (1996). *Conducta, estructura y comunicación: escritos teóricos 1959-1973*. Buenos Aires: Amorrortu,

Vision One. An introduction to OCEAN – the big 5 personality types and traits. (2019). [Website]. Retrieved from https://visionone.co.uk/ocean-personality-types/. Acesso em 20 de setembro de 2019.

Weinstein, A. (1995). *Segmentação de mercado*. São Paulo: Ed. Atlas.

Wolf, Mauro. (1999). *Teorias da Comunicação*. Lisboa: Ed. Presença.

⊙ editoraletramento   ⊕ editoraletramento.com.br
(f) editoraletramento   (in) company/grupoeditorialletramento
(y) grupoletramento   ✉ contato@editoraletramento.com.br

⊕ casadodireito.com   (f) casadodireitoed   ⊙ casadodireito